"十四五"职业教育国家规划教材

室内设计风格
图文速查

第2版

主　编　陆　祎

副主编　韩贵红　胡骁杰　卓　晖

参　编　杨晓晶　陈仙鸿　王云霞　梁红娟

室内设计专业教学丛书

丛书主编　高　钰

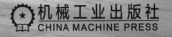

机械工业出版社
CHINA MACHINE PRESS

本书归纳了当前常见的室内设计风格，阐述了产生这些风格的地理气候因素与历史渊源，并采用字典式的分类法详细列举了不同风格中的设计元素，方便读者快速查询与定位。

本书分为三大篇：东方篇、西方篇和现代篇。东方篇介绍了中式风格、日式风格、东南亚风格；西方篇介绍了欧式风格、乡村风格、地中海风格、北欧风格；现代篇介绍了工业风格、极简主义风格、艺术装饰风格、后现代主义风格。

本书适用于各类高校室内设计专业学生，也适用于高职、中职、电视大学或培训班学员，以及室内设计专业人士和广大家装用户。

为便于教学，本书配有教学视频和电子课件。使用本书作为授课教材的老师可以登录 www.cmpedu.com 下载，也可加入装饰设计交流 QQ 群（492524835）索取。如有疑问，请拨打编辑电话 010-88379373。

图书在版编目（CIP）数据

室内设计风格图文速查 / 陆祎主编 . —2 版 . —北京：机械工业出版社，2021.1（2024.2 重印）
（室内设计专业教学丛书）
ISBN 978-7-111-67192-3

Ⅰ . ①室… Ⅱ . ①陆… Ⅲ . ①室内装饰设计 Ⅳ . ① TU238.2

中国版本图书馆 CIP 数据核字 (2020) 第 266953 号

机械工业出版社（北京市百万庄大街 22 号　邮政编码 100037）
策划编辑：陈紫青　责任编辑：陈紫青
责任校对：张　力　版式设计：鞠　杨　王　旭
封面设计：马精明　责任印制：孙　炜
北京联兴盛业印刷股份有限公司印刷
2024 年 2 月第 2 版第 2 次印刷
210mm×230mm·13.2 印张·2 插页·371 千字
标准书号：ISBN 978-7-111-67192-3
定价：69.00 元

电话服务　　　　　　网络服务
客服电话：010-88361066　机 工 官 网：www.cmpbook.com
　　　　　010-88379833　机 工 官 博：weibo.com/cmp1952
　　　　　010-68326294　金 书 网：www.golden-book.com
封底无防伪标均为盗版　机工教育服务网：www.cmpedu.com

编者简介
Author Introduction

韩贵红

上海应用技术大学艺术与设计学院副教授，硕导。环境景观研究所所长，中国建筑学会会员，上海市建委重大工程建设项目评标专家，上海景观学会专家会员。承接市政府、市教委等多项纵向课题及各类横向设计项目。公开发表论文 10 余篇。

胡骁杰

南京林业大学硕士研究生毕业，担任上海济光职业技术学院讲师，上海新空间建筑工程管理公司资深设计师。具有多年一线教学与实战项目工作经验。

卓晖

上海大采建筑设计有限公司总设计师，亚太空间设计师协会副理事长，国际易学联合会易学应用研究会副会长，中国建筑文化研究会古建文化艺术分会专家，"福田杯"中国十大杰出建筑装饰设计师。曾先后担任中国国际空间设计大赛评委、"福田杯"中国十佳家装设计师决赛评委、中国建筑装饰协会"创新中国"空间设计艺术大赛专家评委、2018-2019 年亚太空间设计大奖赛专家评委。主编《室内软装设计速查》。

杨晓晶

高级室内设计师，资深建筑师，就任于上海沃立工程技术有限公司。具有丰富的设计经验，主持、参与过多项国内外大型设计项目。

陈仙鸿

同济大学建筑学专业毕业，担任上海济光职业技术学院教师，助理工程师。曾获亚太空间设计导师奖、台达杯国际太阳能建筑竞赛优秀指导老师。

王云霞

苏州科技大学城市规划与设计专业硕士毕业，担任上海济光职业技术学院讲师，《居住空间室内设计速查》（第2版）主编。具有多年一线教学与实战项目工作经验。曾获亚太空间设计师协会导师奖。

梁红娟

中国建筑装饰协会特级环境设计师，大采建筑设计（上海）有限公司设计总监。作品曾获中国第二届软装陈设艺术节金奖。

关于"十四五"职业教育
国家规划教材的出版说明

为贯彻落实《中共中央关于认真学习宣传贯彻党的二十大精神的决定》《习近平新时代中国特色社会主义思想进课程教材指南》《职业院校教材管理办法》等文件精神，机械工业出版社与教材编写团队一道，认真执行思政内容进教材、进课堂、进头脑要求，尊重教育规律，遵循学科特点，对教材内容进行了更新，着力落实以下要求：

1. 提升教材铸魂育人功能，培育、践行社会主义核心价值观，教育引导学生树立共产主义远大理想和中国特色社会主义共同理想，坚定"四个自信"，厚植爱国主义情怀，把爱国情、强国志、报国行自觉融入建设社会主义现代化强国、实现中华民族伟大复兴的奋斗之中。同时，弘扬中华优秀传统文化，深入开展宪法法治教育。

2. 注重科学思维方法训练和科学伦理教育，培养学生探索未知、追求真理、勇攀科学高峰的责任感和使命感；强化学生工程伦理教育，培养学生精益求精的大国工匠精神，激发学生科技报国的家国情怀和使命担当。加快构建中国特色哲学社会科学学科体系、学术体系、话语体系。帮助学生了解相关专业和行业领域的国家战略、法律法规和相关政策，引导学生深入社会实践、关注现实问题，培育学生经世济民、诚信服务、德法兼修的职业素养。

3. 教育引导学生深刻理解并自觉实践各行业的职业精神、职业规范，增强职业责任感，培养遵纪守法、爱岗敬业、无私奉献、诚实守信、公道办事、开拓创新的职业品格和行为习惯。

在此基础上，及时更新教材知识内容，体现产业发展的新技术、新工艺、新规范、新标准。加强教材数字化建设，丰富配套资源，形成可听、可视、可练、可互动的融媒体教材。

教材建设需要各方的共同努力，也欢迎相关教材使用院校的师生及时反馈意见和建议，我们将认真组织力量进行研究，在后续重印及再版时吸纳改进，不断推动高质量教材出版。

机械工业出版社

第2版前言
Foreword

1 修订内容

本书在《室内设计风格图文速查》的基础上，增加了中式风格、东南亚风格、极简主义风格、后现代主义风格的介绍，也对其余篇章内容进行了改编。本书按风格大类分为三大篇：东方篇、西方篇和现代篇，一目了然，便于读者查阅。

2 与第1版的区别

与第1版相比，本次修订更加注重实用性，划分得也更加详细。比如针对中式风格，由于中国文化博大精深，南北方的地域、气候、人们的生活习惯都存在着很大的差异，因此室内设计风格也是多样化的。区别于市场上其他同类书笼统的介绍方式，本书列举了最常见的四种中式风格：徽派、苏派、晋派和京派，并用图文穿插的形式，解说风格的常用元素，再加上实战案例，让读者能更清晰地了解各种风格的特点。

3 章节的形式内容

以东南亚风格一章为例，该章从建筑元素、景观元素、装饰元素三个方面来解说东南亚风格的特点：建筑元素部分从地面、墙面、顶面来展开说明；景观元素部分从亭榭桥廊、景观小品、景观植物、水景景观这几个方面来阐述其特点；装饰元素部分则从软装的角度来加以讲解，如家具、图案、布艺、饰品、色彩、墙纸、窗帘等等，脉络清晰，读者可以便捷地查阅到自己想要了解的部分。这也是本书"速查"特色的体现。

4 编写团队

本书为校企"双元"合作开发教材，编写团队中除了资深教师之外，也加入了实战经验丰富的一线设计师。书中融入了许多实用的项目案例，希望能为初学者们提供一定的参考价值。

本书为"室内设计专业教学丛书"之一，丛书主编为上海城建职业学院高钰副教授。本书由路意·空间艺术设计（上海）事务所设计总监、高级室内设计师陆祎担任主编，上海应用技术大学韩贵红副教授、上海济光职业技术学院胡骁杰和江苏南通三建建筑装饰有限公司设计总院院长卓晖担任副主编，高级室内设计师杨晓晶、上海济光职业技术学院陈仙鸿和王云霞、上海大采建筑设计有限公司设计总监梁红娟也参与了本书的编写工作。

此外，以下企业和个人为本书编写提供了宝贵资料及大力协助，在此一并表示感谢：相舆科技（上海）有限公司，MEDOU HOME 软装工作室，苏州工艺美术职业技术学院教授、水彩画家曹一华，建筑师关天顺，微信公众号：SIGAPUBLIC 派铂世嘉、格兰布朗、ART 美、LAB 家居、IDM 室内设计师网。

编 者

目 录
Contents

第三篇 现 代 篇

Section 1 东方篇

第一篇

1.1 风格解析

　　中式风格是指中国古典建筑的室内装饰设计艺术风格。中国是一个地大物博、历史悠久的多民族国家，中国传统的室内设计融合了庄重与优雅的双重气质，依地域不同又各具特色，比较突出的有徽派、苏派、晋派与京派。现代中式风格更多地利用了后现代手法，把传统的建筑装饰元素及结构形式通过重新设计组合，以一种民族特色的标志出现。

1.1.1 风格背景

　　中国位于亚洲东部、太平洋西岸，陆地总面积 960 万平方公里。东西跨越 5 个时区，南北跨越纬度近 50°。北邻蒙古与俄罗斯；西至哈萨克斯坦、吉尔吉斯斯坦、阿富汗、巴基斯坦与印度；南部与尼泊尔、缅甸、老挝、越南等国家接壤；东部浸润在渤海、黄海、东海与南海的漫长海岸线中。

1.1.2 风格特点

院落的空间形式

中国传统建筑体系在平面布局上有简明的组织规律，讲求对称、秩序严谨、等级分明。通常以"间"为单体构成单体建筑，再以单体建筑组成庭院，进而以庭院为单元，组成各种形式的组群，形成多进院落。无论城市还是宫殿、民宅都是纵轴（南北）为主，横轴（东西）为辅，左右对称，四角用走廊、围墙等将建筑元素连接起来，成为封闭性很强的整体。建筑群体组合小到单个庭院，大到城垣、街市都要符合宗法与礼制要求，使尊卑、老幼、男女、主仆有明确的分别。

木材为主要材料

中国传统建筑为木构架结构体系，由立柱、梁枋、檩椽等为主要构件组成，各构件之间的结点用榫卯相结合，构成了富有弹性的框架体系。

程式化的装饰图案及色彩

中国传统建筑十分注重色彩，无论是屋顶、柱、梁枋，还是室内的屏风、隔断，都有相应的图案和用色要求。彩画的图案和装饰用色同样等级分明。

1.2 徽派风格

1.2.1 概述

徽派建筑，是中国传统建筑最重要的流派之一，明中叶以后，随着徽商的崛起和社会经济的发展而逐步形成，是中国古代社会后期成熟的一大建筑流派。

徽派风格泛指徽派建筑的工艺特征、造型风格以及装饰特征，主要体现在民居、祠庙、牌坊和园林等建筑实体中。建筑外观整体性和美感很强，高墙封闭，马头翘角，墙线错落有致，黑瓦白墙，色彩典雅大方。徽派建筑常以砖、木、石为原料，以木构架为主。梁架多用料硕大。在装饰方面，大多采用砖、木、石雕工艺，如砖雕的门罩，石雕的漏窗，木雕的窗棂、楹柱等，体现出高超的装饰艺术水平，使整个建筑精美如诗。

徽派建筑并非特指安徽建筑,它主要流行于徽州六县(即歙县、黟县、休宁、祁门、绩溪、婺源)周边徽语区(如安徽旌德、石台,江西浮梁、德兴等),以及严州、金华、衢州等浙西地区。

1.2.2 平面布局与结构

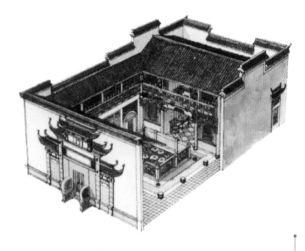

四水归堂

"四水归堂"是徽派民居的独特布局方式,其建筑风格理念来源于徽州文化中"天人合一"思想的传承,同时布置紧凑,占地面积较小,以适应当地多人口少占地的社会环境。

门多开在中轴线上,迎面正房为大厅,后面院内常建二层楼房。由四合房围成的小院子通称天井,仅作采光和排水用。因为屋顶内侧坡的雨水从四面流入天井,寓意"水聚天心",所以称为"四水归堂"。

敞厅

徽派建筑的大厅与天井之间常常不设固定门窗,室内与室外完全融为一体,称为敞厅。有些建筑很难分清厅、堂、走廊、轩等,几乎没有垂直界面的划分;有时则装上槅扇门,可随季节变化灵活装拆,"有无相生"。

庭园

徽派建筑内部庭院通常呈矩形,尺度较小,多用对景、借景、尺度比对方法,增强了空间感。通常用盆栽、花木设置成小型花园,还往往配有水池、石质桌椅等景观小品,将建筑和山水花木融合,营造出趣致、静雅、舒适的私密小型花园。

1.2.3 结构构件

1. 马头墙

马头墙又称封火墙。群居式村落房屋密集，火势蔓延快。在房屋两侧山墙顶部砌筑高出屋面的马头墙，对房屋密集区的防风、防火有很大益处。久而久之马头墙便成为特色，错落有致、黑白辉映，产生明朗素雅和层次分明的韵律美感。

● 墙体构造随屋面坡度层层叠落，以斜坡长度定为若干档，墙顶挑三线排檐砖，上覆以小青瓦，并在每只垛头顶端安装搏风板（金花板）。墙体垛头上安各种苏样座头（马头），主要有坐吻式、印斗式、鹊尾式三种形式。

● 坐吻式马头墙等级最高，此类马头墙层次多、构造复杂、工艺要求高。当建筑群前后进马头墙制式不同时，按"前武后文"分置，常以鹊尾式马头墙居前，印斗式马头墙殿后。

2. 门楼

门楼是建筑入口的标志，作为身份地位的象征，强调其体量感及重要性，于大面积粉墙映衬下产生强烈印象感。门楼源于"符镇"，进而发展成固定形式。门楼按形式大体可分为三类：门罩式、牌楼式、八字式。

门罩式
最为简洁，位于门楣处，广泛应用于徽派民居建筑。

牌楼式
形制等同于牌坊，用于较高等级徽派建筑，常见的有单间双柱三楼、三间四柱五楼、三间四柱三楼等。

八字式
牌楼式的变体，从平面形制上看，即大门向内退进一段，成八字形，为官家象征。

3. 隔扇

　　隔扇又名格子门，最初是徽派建筑用于内部空间分隔的主要建筑构件，后也被用来围合山墙，作为建筑单体外立面。隔扇的高宽比没有严格约定，其高度由地栿至自枋下皮的距离来决定，其宽度取决于建筑开间或进深。

　　→ 在早期，徽派建筑中的隔扇风格简朴，以木格和柳条窗为多，雕饰有所节制。不过到了清中期以后，随着奢靡之风的盛行，隔扇雕饰日趋华丽，花格图案和裙板木雕均趋于精巧细致。

4. 窗棂

　　→ 徽州民居沿天井一周回廊采用木格窗分隔空间，其功能有采光、通风、防尘、保温、分割室内外空间等。格窗由外框料、条环板、裙板、格芯条组成，主要形式有方形（方格、方胜、斜方块、席纹等）、圆形（圆镜、月牙、古钱、扇面等）、字形（十字、亚字、田字、工字等）、什锦（花草、动物、器物、图腾等）。格窗图案多采用暗喻和谐音的方式表现吉祥的寓意，如"平安如意"用花瓶与如意图案组成谐音表示。格窗还采用蒙纱绸绢、糊彩纸、编竹帘等方法，增加室内透光。

1.2.4 装饰构件

1. "三雕"：砖雕、木雕、石雕

 砖 雕

在"三雕"中最有魅力，其材料主要选用徽州盛产的青灰砖，特点是质地坚细，在徽派建筑的门楼、门套、门楣、屋檐、屋顶等处广泛使用。砖雕一般分为平雕、浮雕、立体雕刻，题材包含翎毛花卉、林园山水等，具有鲜明的地域特色与民间色彩。

 木 雕

常见于室内木构件及家具等处，如宅院内的屏风、窗棂、栏柱，住宅内的床、桌、椅、案、文房用具上均有精美的木雕。木雕的题材广泛，有人物、山水、花卉、云头以及各种吉祥图案等。木雕一般依据建筑物部件实际需要，常采用圆雕、浮雕、透雕等技法。

石 雕

在徽州地区分布很广，种类繁多，不仅见于石坊、石桥和石亭，还广泛应用于祠堂宅第的台基、勾栏、柱础等建筑构件，属浮雕与圆雕艺术，享誉甚高。因受雕刻石材本身的限制，石雕的题材没有砖雕与木雕复杂，一般以动植物形象、博古纹样与书法为素材，而人物故事与山水环境的题材相对较少。从雕刻风格上看，浮雕大致以浅层透雕与平面雕为主，圆雕趋于整合，与细腻繁琐的砖雕与木雕相比，古朴大方。

2. 飞来椅

飞来椅是常见于徽派建筑楼层中的弧形栏杆,其形状由传统的鹅头椅发展而来。因其栏杆身向外弯曲,超出檐柱的外侧,形状似倚靠背,故又称"美人靠"。飞来椅常处于视线集中处,因此雕饰精美,与板壁、柳条窗等处的疏简风格形成对比。

 飞来椅

建筑和家具的统一体,可以说是中国最为古老的家具式建筑构件。

3. 家具

徽派的主要家具,除了书房的家具设计比较自由活泼外,其他的大部分造型都比较保守,如厅堂和卧室内。但具体到家具的使用方式则符合程朱理学的礼教思想要求。

 家具

材料一般为当地盛产的杉木和松木,除此之外还有银杏、江南楷木、甜楮、苦楮、香樟、青冈栎、枫香、麻栎和白榆等。木雕工艺在徽派家具上的应用具有典型的徽州地方特色,题材也多种多样,主要包括戏曲人物故事、江南民间传统吉祥图案、山水和花鸟虫鱼等。这些题材作为家具的装饰内容,一般用朱漆和金箔装饰木雕的表面,使雕刻内容看起来更加鲜明生动。雕刻技术在家具上的应用,丰富了家具空间感和层次感,增加了家具的美感和故事性,提升了家具的文化品味。

4. 色彩基调

粉墙黛瓦

　　徽派建筑群表现出的是大面积的白色，而马头墙墙脊上的线状黑色，偶有门罩、小窗等面状、点状黑色，加之层层叠叠的白色山墙，形成了平实自然的整体色彩。黑白灰的整体色彩基调与周围自然山水和谐相生、融为一体。

　　徽派设计风格的主要色彩是一种粉墙黛瓦、质朴典雅、内敛含蓄的感觉，总体上呈现一种黑白灰的色调，局部以天然的木色为主，少量施彩。

1.2.5 设计手法

1. 元素重构

在考虑到徽派建筑以黛瓦、粉壁、马头墙为表型特征，以砖雕、木雕、石雕为装饰特色，以高宅、深井、大厅为空间特点的同时，将各种元素分解、重组，即将建筑造型和色彩元素、徽州水系及景观元素，特别是徽州"院落"或"天井"进行继承，整合传统文化与现代生活的契点，从而创造出适合现代人居住的建筑形式。

隐喻"四水归堂"

墙与四水归堂的敞厅变异

马头墙与门楼的重组

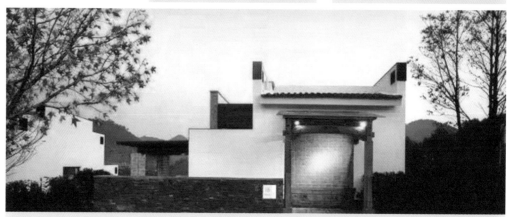

马头墙与门楼的现代隐喻

2. 在室内设计中的运用

徽派设计在现代室内设计中，主要以建筑造型元素和传统装饰元素为基础进行简化和再创造，运用黑白灰的色调展现粉墙黛瓦的皖南风情，通过艺术化的手法融合现代审美来还原徽州特色。

1.3 苏派风格

1.3.1 概述

　　苏派风格指江浙一带的建筑风格，是南北方建筑风格的集大成者，园林式布局是其显著特征。明代以来，江南巧匠几乎都来自苏州香山，人称"香山匠人"。以木匠领衔，集泥水匠、漆匠、堆灰匠、雕塑匠、叠山匠、彩绘匠等古典建筑工种于一体的建筑工匠群体，将汉族传统建筑技术与建筑艺术巧妙结合起来，创造出了中国建筑史上的重要一脉："香山帮"。后来，以"香山帮"模式建造的房子称为苏派建筑。

1.3.2 平面布局与结构

因地制宜

　　苏州旧民居的平面类型看似简单，像四合院，实际上是根据坊巷来因地制宜设计的平面类型。大致有如下几种：曲尺型、三合院、走马楼、凸字形、工字形、H形、日形。除上述平面类型以外，还有利用上面的形式加以自由组合的平面类型。

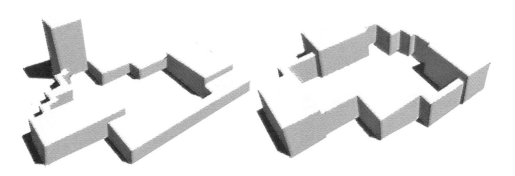

平面布局、空间意境

　　将单幢建筑进行分散布置是一般园林的设计手法，用曲院回廊相连，构成许多大大小小的庭院，即形成"流动空间式"的意象。

山水环绕

布置上以建筑、水面山石将空间进行处理，常以建筑为主体、以花木为陪衬，进行造景，在有限的空间中造成多层次的丰富景色，把大自然的光、声、色、气候组织到园林中来，故而园林景色能四季如画，达到天然的真趣。有音乐的韵律感，有诗情，有画意，这是造园艺术自然和谐与人工和谐的统一。

曲径通幽

讲究曲折蜿蜒，藏而不露。置身其中，四周流淌着"曲径通幽处，禅房花木深""万籁此俱寂，但余钟磬音"之感。直露中有迂回，舒缓处有起伏，让人回味无穷。

1.3.3 结构构件

门楼

集中体现苏派建筑的艺术特色，逐渐形成了精巧别致、细腻生动的砖雕造型，其内容或教化子孙，或祈佑祥和，或抒情状物，或砥砺警示，以此来体现主人的门第修养和处世原则。

复廊

是在双面空廊的中间隔一道墙，形成两侧单面空廊的形式，又称"里外廊"。中间墙上多开有各种式样的漏窗，从廊的一边透过漏窗可以看到另一边的景色。通过墙的划分以及廊的曲折变化，延长景观线的长度，增加游廊观赏的乐趣，达到"小中见大"的目的。

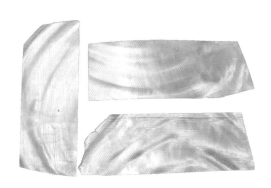

明瓦窗

又称蛎壳窗、蚌壳窗、蠡壳窗。因其用软体动物的贝壳磨薄制作，可以透光，最早用于天窗，排列似瓦片，故曰"明瓦"。不仅能采光、过滤紫外线，防止家具褪色，而且可以防止外人偷窥，保护隐私。其有虚实相间的朦胧美，充满瑰丽虚幻的浪漫色彩。

1.3.4 装饰元素

1. 挂落

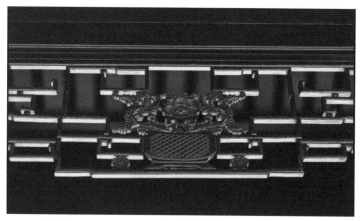

2. 花街铺地

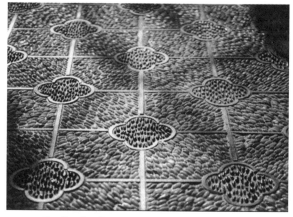

挂落

挂落是中国传统建筑中额枋下的一种构件，常用镂空的木格或雕花板做成，也可由细小的木条搭接而成，用作装饰或同时划分室内空间。挂落在建筑中常为装饰的重点，常做透雕或彩绘。在建筑外廊中，挂落与栏杆从外立面上看位于同一层面，并且纹样相近，有着上下呼应的装饰作用。而自建筑中向外观望，则在屋檐、地面和廊柱组成的景物图框中，挂落有如装饰花边，使图画空阔的上部产生了变化，出现了层次，具有很强的装饰效果。

花街铺地

作为典型的中国古典园林铺装方式，起源于苏州私家园林，现亦被广泛应用于行道、园路和庭院建设。它由各式各样的材质和图案构成，是园林中的交通纽带，负责各个景点坐标之间的联系。

雅而不寡

最能够代表中国传统文人的审美趣味。苏式家具以细致小巧著称，造型纤细、结构轻巧、用材节俭；纤巧而不张扬的外观，形成了"瘦"的美感，体现了雅的追求。

3. 家具风格

山 水 意 象

　　大量运用了各种意象，如代表云朵、灵芝的如意造型，象征着清雅高洁的梅兰竹菊，充满生活情趣的花鸟鱼虫等，成为家具上灵动优雅的装饰。有些家具还会在木头中嵌入石材，石材的纹理描绘出抽象的山水意象，更添湿郁温润的江南水乡情调。

4. 外观色彩

清 淡 雅 素

　　苏派民居风格相对于凝重的京派四合院显得活泼些，粉墙青瓦、鳞次栉比、轻巧简洁、古朴典雅，体现出清淡雅素的艺术特色。苏州旧民居给人们的印象是各种墙式的混合相连使用，形成小巷和水巷驳岸上高低起伏、错落有致的外墙景观；建筑造型轻巧简洁、虚实有致、色彩淡雅、层次丰富、临河贴水，空间柔和且富有美感。

1.4 晋派风格

1.4.1 布局方式

晋商大院

晋派建筑的尊贵，在于它气势恢宏的大院建筑群落，斗拱飞檐，彩饰金装，砖瓦磨合，城楼细做，房屋错落有致。山西历史上素有晋商闻名天下，勤劳的世代晋商在积累无数财富的基础上，形成了自己的建筑风格。晋派建筑在很大程度上反映了晋商的品格：稳重、大气、严谨、深沉，它所蕴含的文化与精神是一笔无与伦比的财富。

窑洞建筑

窑洞建筑是中国西北黄土高原上居民的古老居住形式，"穴居式"民居的历史可以追溯到四千多年前。人们创造性地利用高原地形凿洞而居，创造了被称为"绿色建筑"的窑洞建筑。窑洞一般有靠崖式窑洞（简称靠山窑）、下沉式窑洞、独立式窑洞等形式，其中靠山窑应用较多。窑洞是黄土高原的产物，它沉积了古老的黄土地深层文化。

1.4.2 结构构件

1. 屋顶

晋派建筑屋顶的造型皆具有优美舒缓的屋面曲线和先陡急后缓曲的错落层次感，所形成的斜面也是风格各异，不仅美观，而且在结构力学上受力均匀，同时对屋顶的排送雨雪也发挥着巨大的作用。

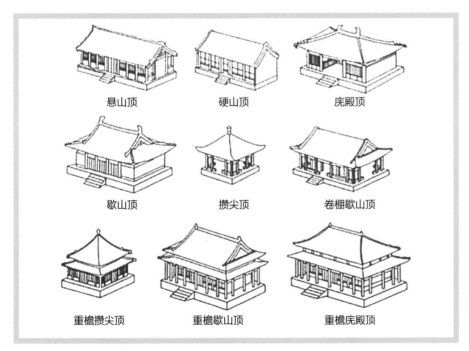

悬山顶　　　硬山顶　　　庑殿顶

歇山顶　　　攒尖顶　　　卷棚歇山顶

重檐攒尖顶　　重檐歇山顶　　重檐庑殿顶

晋派建筑的屋顶样式种类丰富，如庑殿顶、歇山顶、硬山顶、悬山顶等。

2. 梁架

晋派建筑中的梁架，不仅具有结构功能意义，还富有结构美与装饰美。梁架主要由柱、梁、枋等构件组合而成，其中每一个构件都有特定的装饰手法与之相适应。晋派建筑中的梁架常采用"彻上露明造"的手法，将其暴露于外，或以装饰取胜，涂以彩画，雕刻等，或"素面朝天"，尽显材质与结构的本色之美。

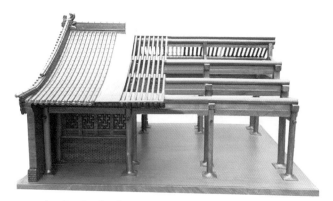

抬 梁 式 构 架

又称叠梁式构架，是中国古代建筑中最为普遍的木构架形式，它是以设置在沿开间进深方向列柱上的梁为主体结构。为适应坡屋顶的形式，最底层梁上放短柱，短柱上放短梁，层层叠落直至屋脊，各个梁头上再架檩条以承托屋椽，即用前后檐柱承托阳椽栿；栿上再立童柱承托平梁。抬梁式构架结构复杂，但结实牢固、经久耐用，且内部有较大的使用空间。

穿 斗 式 构 架

特点是柱子较细密，沿开间进深方向柱与柱之间用枋木串接，连成一个整体。采用穿斗式构架，可以用较小的材料建造较大的房屋，而且其网状的构造也很牢固。不过因为柱、枋较多，室内不能形成连通的大空间。

当人们逐渐发现了抬梁式与穿斗式这两种结构各自的优点以后，就出现了将两者结合使用的房屋，即两头靠山墙处用穿斗式木构架，而中间使用抬梁式木构架，这样既增加了室内使用空间，又不必全部使用大型木料。

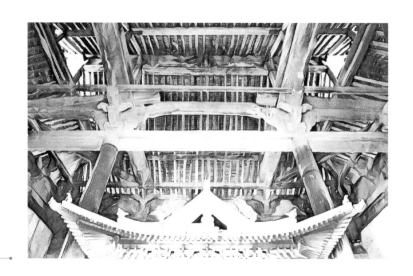

3.斗拱

斗拱

由方形的斗、升、拱、翘、昂组成，是较大建筑物的柱与屋顶间的过渡部分。其功能在于承受上部支出的屋檐，将其重量或直接集中到柱上，或先纳至额枋上再转到柱上。一般来说，凡是非常重要或带纪念性的建筑物，都有斗拱的设置。斗拱在美学和结构上也拥有一种独特的风格。无论从艺术还是技术的角度来看，斗拱都足以象征和代表晋派建筑的精神和气质。

4.飞檐

飞檐

晋派建筑的檐部形式，多指屋檐（特别是屋角的檐部）向上翘起，若飞举之势，常用在亭、台、楼、阁、宫殿、庙宇等建筑的屋顶转角处，四角翘伸，形如飞鸟展翅，轻盈活泼，所以也常称为飞檐翘角。檐部上的这种特殊处理和创造，不但扩大了采光面、有利于排泄雨水，而且增添了建筑物向上的动感，仿佛是一种气将屋檐向上托举，建筑群中层层叠叠的飞檐更是营造出壮观的气势和晋派建筑特有的灵动轻快的韵味。

5.门窗

门

按造型分为出角门厦、平头门厦、拱券门厦、屋顶式门厦等。如屋顶式门厦的上方是用飞鸟、走兽、人物、花草等各式各样的吉祥图案装饰的，而下部有既实用又美观的檐柱和抱鼓石，与收放自如的门槛组成了一个有机的整体，中间是厚厚的门，或铁皮包身或镶乳钉。

窗

窗式有长窗（即隔扇）、半窗、漏窗三种。不同的窗棂可实现不同的艺术价值。古代窗扇上的木格子就是"棂"，古人就是通过改变这些木格子纹图来抒发情怀和寄托心愿，同时使得院子的环境气氛也得到了调节。

1.4.3 装饰元素

1. 色彩

────•晋派建筑大多用长方形的青砖来砌墙，室外墙面的颜色通常都用砖自身的颜色，但在特殊情况下，有些地方也会涂刷上一些矿物颜料，以便对墙体起到保护和装饰的作用，色彩的等级也会相对较高。

────•晋派建筑室内的墙面主体部分为白色系，搭配古青砖，顶面斗拱结构的梁装饰，配上晋派特有的点睛之色——正红，让人仿佛置身于商家大宅中。

主体背景墙配上色彩艳丽的壁画，画上内容丰富、寓意深远，不但对室内环境具有美化作用，还可以为人们提供一些关于社会和文化方面的信息。

现代运用晋派风格的室内设计多融合其独有的晋商文化元素，进行简化和再创造。

2. 砖雕

────•晋派砖雕是流传于山西境内的传统砖雕技艺。晋派砖雕历史悠久，具有丰富的山西文化内涵，表达了人们对生活的美好祝愿。晋派砖雕广泛应用于砖瓦建筑中，主要存在形式有：脊领、影壁、花墙、犀头、门楼等。砖雕在民居中的大量运用又与晋商的崛起密切相关。经济富裕后的晋商，兴起讲究建房规模和雕刻装饰，使得原来只用在宫廷、庙宇等建筑之上的砖雕进入民居。砖雕装饰大都采用民间喜闻乐见的形式，用借代、隐喻、比拟、谐音等手法传达吉祥寓意，表达人们对生命价值的关注、对家族兴旺的企盼、对富裕美满生活的向往、对自身社会地位的追求。民间工匠将这种文化内涵丰富、寓意深刻的美好祝愿赋予了丰富的想象力，将其绘出图案来，然后再按照图案与工艺程序进行制作。

3. 家具

晋派家具是中国古典家具的典型代表。它们用料精纯、制作考究，形式与内容的完美结合反映了中国传统文化在日用家具上的艺术美，有较高的艺术价值和文化价值。独特的传统制作技艺，代表了它具有地域性特色的工艺价值。晋派家具历史悠久，具有深厚的文化底蕴和不可替代的历史价值。

晋派家具历史悠久，它的形成、发展与当时经济的昌盛、地域性文化是分不开的。晋派家具中的上品多以核桃木为材料，质匀称、理细腻、轻重适度、软硬相当，出品往往给人以丰润持重、四平八稳之感。漆工铺麻披灰，黑漆描金，雕饰精微玄妙处，以牙板局部为最。硬鼓纹者，或回字纹，或拐子纹；软鼓纹者，或如意纹，或赤虎头草尾纹。

1.5 京派风格

1.5.1 建筑布局

1. 对称工整

中式建筑的组合方式遵循均衡对称的原则，主要建筑在中轴，次要建筑分列两厢，形成重要的院厅。无论是住宅还是宫殿庙宇，原则都是相同的。

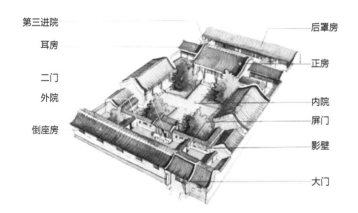

第三进院
耳房
二门
外院
倒座房
后罩房
正房
内院
屏门
影壁
大门

四合院按南北轴线对称布置房屋和院落，坐北朝南，大门一般开在东南角，门内建有影壁，外人看不到院内的活动。正房位于中轴线上，侧面为耳房及左右厢房。正房是长辈的起居室，厢房则供晚辈起居用，这种庄重的布局，亦体现了华北人民正统、严谨的传统性格。

作为京派建筑的宫廷界代表，故宫同样是沿着一条南北向中轴线排列的，三大殿、后三宫、御花园都位于这条中轴线上。整个故宫，在建筑布置上，用形体变化、高低起伏的手法，组合成一个整体，在功能上符合封建社会的等级制度，同时达到左右均衡和形体变化的艺术效果。

2. 数字暗示

京派建筑也是向后人展示中国古代数字成就的最佳场所。除了使用阳数外，中国古人还喜欢使用各种数字表示各种寓意。在建筑上体现数字的涵义，也是京派建筑文化的特色之一。

— 天坛是圆形，圆丘的层数、台面的直径、四周的栏板，都是单数，即阳数，以象征天为阳。地坛是方形，四面台阶各八级，都是偶数，即阴数，以象征地为阴。

1.5.2 结构构件

垂 花 门

古代中国民居建筑院落内部的门，是四合院中一道很讲究的门，它是内宅与外宅（前院）的分界线和唯一通道。其檐柱不落地，垂吊在屋檐下，称为垂柱。垂柱下有一垂珠，通常彩绘为花瓣的形式，故被称为垂花门。

抄 手 游 廊

中国传统建筑中走廊的一种常用形式，连接和包抄垂花门、厢房和正房，雨雪天可方便行走。在院落中，抄手游廊是沿着院落的外缘而布置的，形似人抄手（将两手交叉握在一起）时，胳膊和手形成的环，是开敞式附属建筑，既可供人行走，又可供人休憩小坐，观赏院内景致。

斗 拱

方形木块叫斗，弓形短木叫拱，斜置长木叫昂，总称斗拱。一般置于柱头和额枋、屋面之间，用来支撑荷载梁架、挑出屋檐，兼具装饰作用。斗拱纵横交错层叠，逐层向外挑出，形成上大下小的托座。

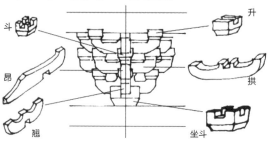

1.5.3 装饰元素

1. 影壁

影 壁

　　建在院落的大门内或大门外，与大门相对作屏障用的墙壁，又称照壁、照墙，能在大门内或大门外形成一个与街巷既连通又有隔离的过渡空间。明清时代，影壁从形式上可分为一字形、八字形等。北京大型住宅大门外两侧多用八字墙，与街对面的八字形影壁相对，在门前形成一个略宽于街道的空间；门内用一字形影壁，与左右的墙和屏门组成一方形小院，成为从街巷进入住宅的两个过渡空间。

2. 脊兽

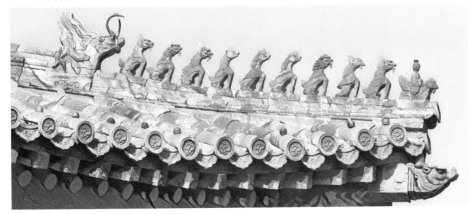

脊 兽

　　建筑屋脊在构造时，一般要考虑三方面因素：实用性——加固结构、防水防腐；美观性——地位彰显、形象附加；寓意性——消灾灭祸、逢凶化吉。根据上述原则，最终确定脊兽组合为：龙、凤、狮子、海马、天马、狎鱼、狻猊、獬豸、斗牛、行什。根据殿宇等级的高低，脊兽的大小和数目各有不同。

3. 北京狮

北 京 狮

　　石狮子是中国传统文化中常见的辟邪物品，以石材为原材料雕塑成狮子的形象，具有艺术价值和观赏价值。北京狮的造型一般尊严而又大气，是皇权的象征。北京狮是中国古代皇家守卫门户确保皇宫安宁的瑞兽，因为狮子是兽中之王，它体态壮硕雄健、威猛无比、气势非凡。

4.彩画

原是为木结构防潮、防腐、防蛀用，后来才突出其装饰性，宋代以后彩画已成为宫殿不可缺少的装饰艺术。彩画可分为和玺彩画、旋子彩画、苏式彩画三个等级。

5.藻井

是一种较为特殊的古建筑木构架，主要置于宫殿、坛庙等较高等级建筑的室内顶棚。随着历史的变迁，藻井主要用来彰显建筑的威严、神圣和高级，但设置藻井的本意与古建筑防火却有着密切的关联。《史记·天宫书》载："天宫有东井，主水事。"东井指的是井宿，为二十八星宿中主水的星宿。将井置于建筑高处，并用莲花、荷叶、水藻等水生植物形象作为装饰造型或彩绘图案，表达了古人在生产力相对低下的前提下，希望古建筑免于遭受火灾侵扰的祈愿。

6.家具

装饰上力求华丽，崇尚精雕细刻、光彩夺目的艺术风格，镶嵌金、银、玉、象牙、珐琅等珍贵材料，形成了气派豪华以及与各种工艺品相结合的特点。

7. 色彩

奢华色与跳色

奢华色（如浅金、银色）与跳色（如蓝绿色）放在一起相互衬托，显得分外鲜明、活跃，效果醒目而低调。在蓝天下，用金黄色的琉璃瓦，用青绿彩画和暗红、咖色的柱子、门窗，用白色的石基座和深色的地面，形成蓝与金银、白与黑之间的强烈对比，营造出低调而奢华的总体效果。

中国红

这一抹红的渲染烘托，展现出中式的古典印象。红色勾勒令空间更立体，将岁月的痕迹印刻在历史的年轮里。荷花的形态丰满，花团锦簇，方圆之间尽显美学张力。

2.1 风格背景

日本人口及建筑密集，然而，简约风格的设计理念和对天然材料的热爱，让日本大多数小面积住房却显得开阔、温馨和通透。

2.2 建筑元素

日本的环保建设者大量使用自然、可再生的建筑材料，并使其成为一种流行趋势。

日本设计非常讲究禅意、宁静和对大自然的爱。对于室内设计的选材往往更注重环保以及建筑生命周期。

> 建筑做得小而紧凑，因此减少了生态占用地，在选材上使用自然、当地的建筑材料，如雪松和竹子，因为竹子是生长非常快的植物；在优化建造系统和功能方面沿用了古代建筑的技术，即用石头、黏土、泥、麦秆、海藻、木头和竹子。

室内设计注重与建筑设计的和谐统一，以及与当地文化的自然融合。室内构成元素，将传统和韵完美地融入现代风潮中，巧妙地展示自身特色。大量的光线搭配，经典日式材料（如樟木、和纸及山石）的运用，融入现代科技，通过各种各样的织品和材质打造出不可思议的明暗互动，成为风格设计和氛围营造的关键。

1. 日式客房

客房从日式美学中汲取灵感，以和纸趟门、帘幕、屏风等分割空间，取其功能性，也以若隐若现的画面，展现出优雅的传统日本生活。

大量运用传统的日本材料：手工和纸，其颜色与原木材十分接近，使整体色调十分温暖。

2. 日式酒店

精致、细腻，秉承传统的风格与手法，将匠心精神融入自然元素，体现出洗练低调的侘寂美学特征。

石材表面为手工打磨，使其在视觉上和触觉上均十分柔和；木饰表面以传统日式户外木的手法处理；特殊金属材料表面则体现出金属不同寻常的原始韵味。

2.3 景观元素

日本园林有着独特的自然景观，较为单纯、凝练，细节上的处理是其最精彩的地方。它结合水、岩石、砂、植物等简单的自然元素，创建出了一个静谧的禅宗花园。这些各种各样的元素相互联系起来便构造成一个"微型的大自然"。日本园林设计基于三个理念：缩减规模、象征化、借鉴思想。

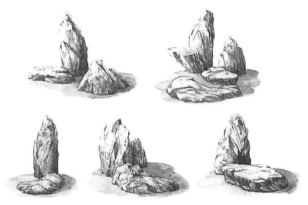

无水的岩石和沙花园描绘着一幅幅山河景象。沙子和砾石象征着河流；石头代表着山峰，在方式上可以随意分类，但是数量上应该为奇数。当你将这些园林置于现有的风景中时，往往会造成一种从远处就能看见山的错觉。

一个景石代表须弥山石像；两个景石代表坐禅石，老和尚讲经，小和尚听经；三个景石代表三尊石，一个中尊，两个侍尊；五个景石即为五行石：金、木、水、火、土；佛菩萨石由几十个景石组成；多组景石组合的有七五三石（15个景石分成7个、5个、3个三组，以一个中心石为对称轴两侧各置一组景石）；龟石和鹤石象形组合，龟石有6块，包括头、尾和4个足，鹤石有4块，包括头、尾和2个鹤羽。

 苔 藓

日本的园林经常使用苔藓是由于它具有多功能性和灵活性。即使在恶劣的环境下，苔藓也可以生存，甚至还保持鲜绿如初。苔藓在日本园林艺术中扮演着很重要的角色，因为它被认为是一种和平的植物，寓意为"欢迎来到这与世隔绝的地方"。

 砂

将砂设计成波纹状来代表海洋。传统的波纹：涟漪式、起波式、纲代式、男性式、青海式、漩涡式、狮毛式、观音式等。

苔 藓 的 种 植

一、选择一个绝佳的场所，寻找一块阴凉处，要避免阳光直射。

二、应该提前测试土壤的 pH 值，如果有必要的话，可将液态的硫磺粉与水混合，喷洒在种植苔藓的土壤上。

三、由于苔藓喜湿，因此在苔藓移植以后确保定时喷雾是十分重要的，至少在前三个星期应定时喷雾。

锦鲤鱼池

锦鲤鱼池是日本花园中常见的元素，它代表湖泊或海洋，给花园带来了色彩与生命。如上图所示，在休闲区会有大型的锦鲤鱼池，自家后院也容纳得下小的鱼池。

竹子与水

这些独特的水景运用于花园之中是为了驱赶可能会破坏园林的鸟群和动物。向竹筒里缓缓蓄满流水，向下翻倒，敲击在池塘边的石头上，发出清脆的"嘟"声，将水倒入池塘里，接着又弹起，循环往复。

桥梁

桥梁由木头或石头建造，可以是简单或精致的设计。图中展示的有些桥梁是鲜艳的红色木头，而有些只是由简单质朴的石头制成。

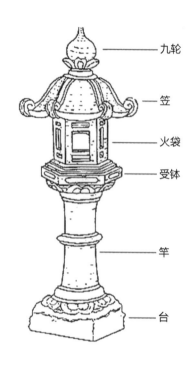

九轮

笠

火袋

受钵

竿

台

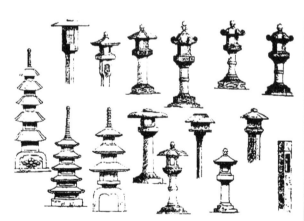

日 式 灯 笼

　　日语中有"净火"一词，指神前净火，意味着用火去净化万物，象征吉祥。圣火一般被置放在寺庙内，人们不愿让这神圣的火种熄灭，就用灯笼去罩住它。日式灯笼后来演化为日本园林景观中的重要元素，它预示着光明和希望，会给人带来好运。运用时需综合考虑花园本身的大小，合理选择安置位置。常见到的是将其放置在紧挨池塘的平石上。

日本红枫、松树

红枫、松树都是日式庭院中重要的绿化植物，寓意有思念、新生、延年，营造出古刹的清肃。

竹篱

竹篱是日式庭院中必不可少的元素，主要用作围屏。

京都星之野度假住所的前身是一座名人度假住所，有一个视野开阔的赏景露台，可以瞭望整个大井川的风景。项目的设计区域是建筑后方的室外空间，与主文化景区分隔开来，一度被视为一个陡峭的步道，即使可以展现出一些日本风格，却不足以吸引路人的目光。景观设计师了解场地的潜力，进一步挖掘了场地内新空间和文化的关系。传统是代表京都的重要元素，在这个项目中，设计师与日本传统园艺师一起为场地注入了新的生命。在此基础上，设计保留了建筑的布局和交通流向，赋予了场地新的功能，开辟了车辆通道和人行道，并设有休息区和花园。景观设计方案是创造一系列空间：池塘、小路和花园。这些空间没有被围墙或者建筑物分隔开来，而是根据场所本身的特性和尺度进行巧妙的布局，空间密度对空间的氛围至关重要。

2.4 装饰元素

1. 榻榻米

　　榻榻米最初起源于中国，是草垫子、草席的意思，它是铺在地面之上的材料。流传到日本后，日本人将其铺在和室中，用于睡觉。榻榻米与日本的神道教宗教仪式和茶道都有密切联系，许多日本家庭的房屋中仍然至少有一间铺设榻榻米的房间。

日本的榻榻米除了可以作为炕席和地毯外，还是"一把尺"。在日本，不论走到哪里，每块榻榻米的面积都相等。"榻榻米"的日文汉字是"畳"，也有译作"草垫子"或"草席"的，但都不确切。它比草垫子光亮、平展，比草席坚厚、硬实。

传统的日本房间没有床，也不使用桌椅板凳之类，晚上在上面睡觉，白天把被褥收起，另外可在上面吃饭和进行各种活动。比如有客人拜访，可直接坐在上面喝茶、交谈。因此，一进日本人的家，一定要脱鞋，不脱鞋就如穿鞋踏在我们中国人的床上一样，是十分不礼貌的行为。

2. 樟子门

在某种意义上，樟子门跟中式的屏风有异曲同工之处。木格拉门在宋朝时期从中国传到日本，随着造纸术改良，逐渐演变成现在用樟子纸糊成的半透明格子推拉门。樟子纸薄而轻，韧性足且不易破，防水防潮，在室内外光的映衬下，焕发出淡雅的朦胧美，因此木格拉门也叫樟子门。

日本建筑大多小巧精致，普通的平开门在开启时占用空间较大，因此樟子门也是日式风格中的一个核心元素。拉开樟子门，整个房屋几乎完全开敞，令人神往的庭院之灵旋即涌入室内。日式建筑讲究空间的流动与分隔，流动则为一室，分隔则分几个功能空间，空间中总能让人静静地思考，禅意无穷。而在辨别是否为日式风格时，榻榻米与樟子门是最醒目的元素。

2.5 相同装饰元素的不同风格

　　日式风格也有传统日式风格和现代日式风格之分。在传统日式风格的基础上，融入更多现代元素，使空间更加趋向于现代文明的生活方式，即为现代日式风格。我们通过两部日剧对这两种类型进行对比。

传统日式风格——《朝五晚九》

现代日式风格——《逃避虽然可耻但有用》

共同点

1.木质始终是家居环境的主导。

2.装饰和点缀少,家具低矮且不多。

3.色调寡淡而平和、宁静而舒朗。

不同点

传统日式风格

1.多线条,中规中矩的直线增加了室内的立体感。

2.放上茶具和方桌,就是客厅;换成就寝物品,就变成了卧室,体现了日式家居的多功能性。

3.照明上多以木支架的罩灯为主。

现代日式风格

1.空间现代且以功能分区。

2.收纳方式多样。

3.照明上现代灯饰较多,点光源布光。

2.6 室内装饰特点

色 彩 特 点

　　日式风格的色彩特点是严谨、柔和、克制、安静、清新。日式风格以原木色为基底，配色均与原木色相近，常以原木色、米色为主色调。

材 质 选 择 特 点

　　将自然界的原木材等材质大量运用于装修装饰中，秉承日本传统美学中对原始形态的推崇，着意显示木材的本来面目，加以精细的打磨，表现出原木的独特肌理。原木材料运用十分广泛，地板、家具、装饰等都会使用。

空 间 搭 配 特 点

在空间布局上，日式风格讲究空间的层次感，依据住宅使用人数和私密程度不同，使用屏风或木隔断作为分隔。空间装饰多采用简洁、硬朗的直线条，反映出现代人追求简单生活的居住要求，迎合了日式家居追求内敛、质朴的设计风格。日式樟子门的设计使空间看起来更加通透，又不失隐秘性。樟子门的几何造型本身也是空间中的重要装饰。

日式风格融合了日本传统神社、佛教、中国唐代建筑的特点，清新自然，蕴含禅意。"返璞归真、与自然和谐统一"是日式风格的核心，也体现了日本人讲究禅意，对淡泊宁静、清新脱俗生活的追求。

Chapter 3

东南亚风格

第三章

3.1 风格解析

　　东南亚地区因其地处热带、临海、曾为殖民地的缘故，在各种环境与文化的交融下显示出强烈的地域性特征。东南亚风格在设计上有效地融合了东方传统文化和西方的现代概念，又保留了东南亚民族岛屿特色与热带雨林的自然特色，将居室打造出了神秘之感。东南亚风格通常有两种表现方式，一种是受中式风格影响的深色系，另一种是受西方影响的浅色系，含蓄与热烈共存、神秘与妩媚共生。

3.1.1 背景分析

地 理 位 置 及 气 候 特 点

　　东南亚位于亚洲东南部，西临印度洋，东临太平洋，南邻大洋洲，北邻中国、印度。这种地理位置使东南亚具有赤道多雨气候和热带季风气候，并形成了繁茂的热带森林。该地区降水充沛，植被覆盖率非常高。

历 史 渊 源

　　东南亚历史悠久，有灿烂的历史文化和多彩的民族风情，是澳、亚两大陆早期人类交汇、集合、繁衍的地区之一。在漫长的历史发展过程中，东南亚人创造了自己灿烂的文化，留下了许多辉煌的历史文物古迹。

3.1.2 风格特色

　　东南亚风格崇尚自然、生态，材质天然，木材、藤、竹成为东南亚室内装饰的首选，带有热带丛林的特色，不带一丝工业化的痕迹，纯朴的味道尤其浓厚。在色泽上保持自然材质的原色调，大多为褐色等深色系，在视觉上给人以泥土与质朴的气息。饰品"妩媚"，其形状和图案多和宗教、神话相关。芭蕉叶、大象、菩提树、莲花等是装饰品的主要图案，也是最具有特色的装饰之一。

大坡顶

建筑外形上追求大坡顶，它可以将建筑首层提高半层，建筑之间采用连廊连起来，这些都是考虑挡雨以及通风的目的。

大开间

建筑内部一般采用大开间，而且南北通透，以满足通风以及防潮的要求。此外，由于东南亚夏天潮热的时间很长，人处在这种环境下，容易沉闷和压抑，大开间可以让这种压抑得以释放。

连廊

连廊就是将建筑物走廊都连在一起，犹如穿梭在园林之中，能够让人们感受到自然的气息。这类住宅也有一个专业术语，叫"外廊式建筑"。

材料

东南亚地处热带区域,树木以及藤类作物为建筑材料首选。将实木与石材搭配,做成石材地面、木质墙壁等,可为建筑添色不少。

宗教

东南亚地区的人们信奉基督教、伊斯兰教、佛教等不同的宗教,这样的宗教信仰也体现在东南亚地区的建筑中,不仅使用在教堂中,还在家居环境设计以及园林景观设计中得到运用,体现出了特殊的宗教特色。

富有东南亚特色的历史文化遗产多为宗教建筑。

色彩

东南亚家居色彩以宗教色彩中浓郁的深色系为主,如深棕色、黑色、金色等,令人感觉沉稳大气,此外还有鲜艳的陶红和庙黄色等。

受到西式设计风格影响的家居色彩则以浅色比较常见,如珍珠色、奶白色,给人轻柔的感觉。

早期的东南亚风格太过奢靡,适合于讲究情调的酒吧,大部分家具和装饰也不太实用,因此现在极少有人愿意完全按照这种风格装饰家居。

另外,体现东南亚风格色彩的还有植物,如各种颜色的花卉和观叶植物。

3.2 常用元素及设计手法

3.2.1 建筑元素

1.地面与墙面

装饰材料以竹、柚木、棉麻柔纱为主，可以说竹在亚洲地区是非常普遍的材料。在泰国，会出现用竹子搭建的房屋。柚木也是非常富有东南亚风情的木材。东南亚风格在选择墙面饰面材料时，经常选用泰柚作为表面的贴皮。

在庭院中，地面的铺设不需要太多修饰，越自然越好，流露出粗糙的质感为佳，比如凸出的砖头、石块，如果表面处理得太光滑就失去了原始的味道。在地面铺设色彩上，越接近自然、越有质感的效果就越好。

饰面材料

就地取材，用当地极富地方特色的自然材料，如竹、柚木、棉麻等作为装饰原材料。

地面铺设

东南亚景观的道路铺装精致但不过度，材料选择上没有特别要求；如果需要强调庭园铺装效果，可以铺设一些醒目的图案。

 拱 券

东南亚风格的一些建筑当中出现了拱券的形式，因为新加坡、马来西亚、越南等国曾经受殖民统治，因此在建筑或者室内的形式上受到了一定的影响。

瓷 砖

室内地面除了铺设实木地板以外，主要以古朴的复古砖和绘有特色图案的装饰砖为主，配合实木家具凸显东南亚风格的自然质朴和神秘之感。

东南亚风格的瓷砖颜色以灰色、黑色、米白色或陶土色等色系为主，因为除了地面空间以外，东南亚风格本就缤纷多彩，所以地面并没有必要刻意去强调颜色，反而质朴色系的衬托更能体现其美感。

 隔 断

东南亚风格喜欢采用实木或藤制成的屏风，透过雕刻精美的镂空装饰，配合较深而且炫彩的用色，展现出随着光线而产生变化的灵动美感。

2. 顶面

东南亚风格顶面大量运用深色木质进行装饰,加上斜坡屋顶的构造,造就了其非常具有地方特色的元素之一。

深色木质往往给人一种沉重压抑的感觉,如果运用得稍微不妥,就会失去东南亚的风味,而变得过分沉重,因此要结合灯光、造型设计。

镂空工艺顶面造型

结合中式镂空雕花工艺,采用长方形四边回包,很好地遮挡了过于刺眼的灯光。在灯光的映射下,镂空的雕花呈影状投下,非常有意境。

吊顶主色调采用深红色,加上大片的留白,中间挂上造型主灯显得大气庄重,同时也给人一种舒适自然的感觉。

平板工艺顶面造型

木板一般用于地面,很少会有人将其平铺在顶面上。但在东南亚风格设计中,就将木板用作卧室顶面和地面相呼应。

和木板地面不同的是,在顶面上所采用的木板细小得多,这也使得整个顶面看上去更为密集,可作为空间主灯的基底。整体造型给人以细腻温馨之感。

木质拱顶(藻井式)工艺造型

主色调依然是东南亚风格惯用的深棕色,并采用有光感的木材层层堆叠,放大了视野,使人感觉整个空间的层高一下子高了不少。

采用长方形的吊顶造型更加有效地利用了空间。当然,采用拱形的木质吊顶设计,同样也能达到这样的效果。

全木质交错(格栅)工艺造型

如果卧室面积够大的话,顶面不妨尝试先用浅色木板打底,然后铺上较粗的木梁主架,在勾勒出的框中用细木架吊顶材料再交错排列,最后挂上一架充满东南亚风情的木质吊扇。

3.2.2 景观元素

受热带气候和海洋调节的影响，东南亚地区植物资源十分丰富，而四季盛开、丰富多彩的植物资源造就了东南亚高绿化率的景观风格，景观是东南亚风格的重要组成部分。

东南亚景观具有自然、健康和休闲的特质，大到空间打造，小到细节装饰，都体现了对自然的尊重和对工艺制作的崇尚。

东南亚园林对建筑材料的使用也很有代表性，如黄木、青石板、鹅卵石、麻石等，旨在接近真正的大自然。

1. 亭榭桥廊

没有亭、榭、桥、廊的景观就不算是真正的热带园林景观。通过添加有异国情调的装饰性构筑物，一座精美的庭园会更加美轮美奂。

 亭

亭是一种有顶无墙的小型建筑物。在东南亚热带园林中，比较常见的是一些茅草蓬屋或原木的小亭台，大多为了休闲、纳凉所用，既美观又实用，而且在建造上并不复杂。

 榭

榭是建在高台上的房子，一般建在水中或水边。建在水边的又叫水榭，并有平台伸入水面。平台四周设低矮栏杆。选择一套休闲桌椅，在原木平台上闲聊也是很惬意的事。

 桥

　　木桥或石桥自然朴实，起到通道的作用。在东南亚景观园林中多见的是木桥。木桥造价便宜，景观效果好，能很好地软化混凝土结构，形态多样、自然。

 游廊

　　从设计师的角度来看，游廊的整体建筑体验效果相当于悬挂于墙上的风景画。当然前提条件是庭园景观值得用生动的画框来框住。

2. 景观小品

创建一个有特色的景观，不仅需要设计学和园艺学方面的知识，还要有艺术家的眼光，才能为庭园增添艺术的光辉。

雕 塑

　　东南亚是雕塑爱好者的天堂，东南亚景观的精华在外墙及园林中的雕塑上，这些雕塑具有浓厚的宗教色彩，精美得令人惊叹。

　　雕塑是热带景观庭园的点睛之笔，是自然和人工的完美结合，提升了庭园的价值和品味，也体现了设计者的智慧。

　　雕塑按材质不同，主要可分为石雕和木雕两大类；按其功能不同，大致可分为纪念性雕塑、主题性雕塑、装饰性雕塑、功能性雕塑以及陈列性雕塑五种。

 石雕

在东南亚庭园里经常见到多孔的石雕成为蕨类植物和兰花寄居的巢穴，布满青苔和藤蔓的雕像更能赢得人们的青睐。

 木雕

多数用于室内装饰，游廊、过道和亭子里也有放置。用自然材料做的颜料上色，可增添几分神秘感。

土丘、废墟造景

土丘造景是指用土石堆叠起来的高于原地面的造景，可用于放置雕塑、种植花卉，起到增加空间层次的作用。

在热带景观庭园中，常见一些天然或人造废墟，无疑是景观亮点。在热带地区，气生根的植物很多，容易制造沧桑感。

休息小品

东南亚景观中，休息小品通过材料接近自然（忌泳池边放置塑料凳、椅）。

装饰性小品

装饰性小品，如日晷、香炉、水缸、瓮、罐、花盆、景墙、景窗等，在园林中起点缀作用，体现异域风情。

结合照明的小品

园灯的基座、灯柱、灯头、灯具都有很强的装饰作用。

热带庭园经常有和室内连通的空间，照明忌刺眼炫目，不宜采用彩灯照明。

踏 步

东南亚景观表现的是一种自然的结合，每一个组景都不含人工匠气。衔接层次分明，大方、自然。配以雕塑、花坛、水池。

在自然式热带庭园中，可用粗略雕琢的石头做庭院踏步。一段巧妙的台阶宛如艺术品，引导人们欣赏美妙的景色。

3.景观植物

在东南亚景观中，绿色植物也是凸显热带风情的关键一笔，尤其以大型的棕榈树及攀藤植物为佳。目前常见的热带植物有椰枣、华棕、椰子树、绿萝、铁树、橡皮树、鱼尾葵、菠萝蜜、勒杜鹃等。

上 木

主要有棕榈科、豆科、桑科等植物。在东南亚庭院中，一般都用高大的棕榈科及阔叶类等植物来塑造庭院整体形象。

下 木

东南亚风格景观中的下木是其出彩的部分。

植 被、藤 蔓、水 生 植 物

植物是景观设计的主要部分，最能体现庭院的地方风格。东南亚庭院往往运用大自然得天独厚的资源，将热带各种自然植物纳入其中：在高大的树下有灌木、植被；藤蔓植物缠绕于粗大的树木上，攀附于栅栏、墙体上，攀扭交错，横跨林间；结合水景中的水生植物，层层叠叠，美不胜收。

4. 水景景观

东南亚水景景观崇尚自然，立面层次丰富，水面到地面过渡自然，水生植物到浮生植物及挺水植物配以卵石、素沙、雕塑完成。

东南亚景观离不开水景制作，水景面积占总景观面积的 20% 以上。例如：小花园面积 100m² 左右，泳池面积应在 30m² 左右。无论是水渠还是种荷花的水塘，都与建筑连成一体。

3.2.3 装饰元素

东南亚风格室内装饰特点如下。

● 以原木、原藤材质本身的颜色为主色调，大都为棕色、咖色等深色，视觉上有泥土的质朴感。

● 用布艺点缀搭配，活跃气氛。布艺多选用炫色系列，多为深色系，且在阳光下会变色，沉稳中又带着贵气。

● 灯光昏暗，常用蜡烛点缀，线香、流水营造禅意氛围，净化身心。

● 色彩浓烈，常用木石结构、砂岩装饰、浮雕、木梁、漏窗、热带植物等元素。

● 常用艳丽轻柔的纱幔、色彩强烈的抱枕、精巧的刺绣等，增添东南亚韵味。

1. 家具

东南亚地区的人们崇尚自然，且该地区降水量充足、物产丰富，因此家具都是就地取材。印度尼西亚的藤、马来西亚的风信子与海藻、泰国的木皮等，都是来自大自然的馈赠。家具在色泽和肌理上也表现出原木的质感，散发着浓烈的自然气息。

编织手法

大多东南亚风格家具是用两种不同材质混合编织成，如藤条与木片、藤条与竹条等。材料间的宽、窄、深、浅会形成饶有趣味的对比。

将各种编织手法混合运用，可以使得家具成为工艺品，具有观赏价值。

表面处理

东南亚家具不仅美观，而且环保实用，大多只是在表面涂一层清漆加以保护，而保留家具的本色。

造型、材料

东南亚家具的设计抛弃了复杂的装饰、线条，而代之以简单、整洁的设计，营造清凉、舒适的氛围。

选材方面，由于炎热、潮湿的气候带来丰富的植物资源，因此来自大自然的木材、藤、竹成为首选。

东西方结合

东南亚家具在设计上逐渐融合东方的传统文化和西方的现代概念。

通过不同的材料和色调搭配，东南亚家具设计在保留自身的特色之余，产生了更加丰富多彩的变化，尤其是融入了中国特色的东南亚家具，重视细节装饰的设计。

柚木家具

　　东南亚家具多选用厚实大气的柚木系列家具，线条简洁凝练，寓意祥瑞的花纹值得细细品味。

　　柚木是制成木雕家具的上好原材料，它的刨光面颜色可以通过光合作用氧化成金黄色，并且颜色会越来越鲜艳。用柚木制成的木雕家具，经得起时间的推敲。

架子床

　　架子床是一种颇具东南亚特色的卧室软装，起源于中国。中式的架子床通常会在床的两端和背面设有三面栏杆，在风水上有藏风聚气之说；东南亚风格的架子床则简化了这种设计，只在床身上架置四柱、四杆，有的会在床前设置踏步。架子床多以木材为原材料制作，在床的四周挂上轻薄的围帐，整个空间营造出的仿佛置身自然的通透感也让人呼吸畅快。

2.图案布艺

东南亚的布艺闻名于世，颜色复杂艳丽，形象地表现出了东南亚的异域风情。桌布、窗帘、沙发上的抱枕，甚至地毯都可变成空间的焦点。在茶几上铺上一块风格鲜明的桌布，整个空间的风格就烘托了出来。

泰 丝

东南亚家居中最抢眼的装饰要属泰丝。泰丝抱枕是沙发或床最好的装饰，跟原色系的家具相衬，艳丽的愈发艳丽，沧桑的愈加沧桑。如果悬挂于床头、屏风或架子上，泰丝便有了"漫不经心"的模样，被风一吹即可随之"飘舞"，整个家中便飘逸着一种轻盈、慵懒的华丽。

棉 麻、柔 纱

使用棉麻和柔纱主要是因为东南亚处于热带，气候比较炎热。试想一下，如果选一些厚重的材料，如丝绒面料，就会给人一种非常炎热、不透气的感觉。

柔纱有一些若隐若现的感觉，风吹过来，缓缓飘起，给人清风徐来的浪漫感受。在室内空间中，这种视觉、触觉上的感受，特别能烘托环境氛围。

东南亚布艺饰品的图案多以孔雀、大象、芭蕉叶、菩提树、莲花等为主，有质感的皱褶、抽象的花纹、娇艳欲滴的色彩，能充分展现东方特有的古老神秘气息，既有民族特色又透着异域情调。

3. 饰品

东南亚风格具有浓重的民族特色，所以饰品上可以选择藤、海草、椰子壳、贝壳、树皮等材料制作的灯饰，雕花工艺摆件，有印花的瓷器，铜质或镀金的小佛像等。东南亚风格在表达上受到西方现代简约风格的影响，在线条表现上多以直线为主，但西方现代风格在软装配饰上较多采用金属制品、机器制品，而东南亚风格则较多采用实木和藤艺。

东南亚地区十分注重手工工艺，主要是纯手工编织或打磨，摒弃工业化的气息，符合时下人们所追求的健康环保、人性化及个性化的理念。

 宗 教 饰 品

东南亚地区的主要宗教为小乘佛教，在装饰品和纹样的选择中，可以运用比较有宗教色彩的佛像、莲花等。

孔雀白象、芭蕉菩提，随处可见的宗教保留和信仰感，是人与自然的原始触碰。这些佛教元素的装饰品，让整个空间多了一丝禅意。

灯 饰

东南亚风格的灯具，多采用贝壳、椰树、藤、枯枝等为原材料，使居室更贴近自然。枯枝、藤制的灯饰造型独特简约、清新自然。灯光透过缝隙投射出来，斑驳流离，美不胜收。枯枝、藤制的灯饰因取材天然、造型自然，既可作家居照明，又可作艺术装饰品。

4. 色彩

东南亚风格在配色上极其大胆，特色鲜明。

由于东南亚气候多闷热潮湿，因此在装饰上要用夸张艳丽的色彩冲破视觉的沉闷。香艳浓烈的色彩被运用在布艺或家具上，又或者是瓷砖的选择上，在营造出华美绚丽风格的同时，也增添了丝丝妩媚柔和的气息。

各种各样色彩艳丽的布艺装饰是东南亚家具的最佳搭档。用布艺装饰适当点缀能避免家具的单调气息，令气氛活跃。深色的家具适宜搭配色彩鲜艳的装饰，例如大红、嫩黄、彩蓝；而浅色的家具则应该选择浅色或者对比色的装饰，例如米色可以搭配白色或者黑色，前者温馨，后者跳跃，同样出众。

5. 墙纸

墙纸的花型要与室内整体风格相协调，在一间充满热带风情的居室中，用大花墙纸可以使其显得紧凑华丽，它的设计灵感一方面来自东南亚的服饰设计，如华丽的衣衫或鞋子，另一方面则出自对热带植物的遐想。这种花型的表现并不是大面积的，而是以区域型呈现，如在墙壁的中间部位或者以横条、竖条的形式呈现。墙纸的图案往往控制在一个色系中。

东南亚风格的图案设计有其代表性元素，墙纸要与居室中的其他饰物相搭配，如窗帘、家具，甚至靠枕。

6. 窗帘

窗帘要与家具搭配协调。东南亚风格家具常使用的实木、藤条等材质，可将颜色控制在棕色或咖啡色系范围内，再用白色全面调和或者配以同色系跳色，是安全又省心的做法。

东南亚风格软装常用元素如下。

- 佛教元素的装饰小物件。

- 金属材质的灯饰，如铜制的莲蓬灯。

- 金色、红色的脸谱。

- 大红色的东南亚经典漆器。

- 高大的石雕。

- 多宝神器、羊皮花器、火焰木雕等。

- 椰子壳、果核等材质的饰品。

- 大小不一的柚木相架。

- 大象、孔雀元素图案。

Section 2

西方篇

第二篇

4.1 风格解析

4.1.1 背景分析

地理位置和气候特征

　　欧洲属于亚欧大陆的一部分。它北临北冰洋，西濒大西洋，南濒地中海和黑海，东部和东南部与亚洲毗邻，宛如亚欧大陆向西凸出的一个大半岛。在地理上习惯将欧洲分为北欧、南欧、西欧、中欧和东欧五个地区。

　　室内设计中的欧式风格多指发生在意大利、法国、英国、西班牙及佛兰德（今荷兰、比利时的一部分）等国家的室内设计风格。这些国家都位于南欧、西欧和中欧，多属于海洋性温带阔叶林气候，雨量丰沛、稳定，多雾。

历史渊源

　　欧洲具有深厚的文化底蕴，对推动人类历史进程贡献巨大。

　　18世纪中叶，欧洲爆发的工业革命创造了巨大的生产力，从而实现了从传统农业社会转向现代工业社会的重大变革。至19世纪，曾经显赫一时的古典艺术开始衰落，各种艺术思潮和设计运动随着新材料、新技术以及新的政治体制与文明内涵的发展纷纷涌现。

　　欧洲室内设计也是随着欧洲文化思想潮流发展而形成的持续不断变化的、有独特性的历史文化产物。西方学者认为，历史上凡是主张回归古希腊和古罗马文化的思想和理念，都可以被称为古典主义。

　　欧式风格，就是指源自古罗马，经过漫长的演变兴盛至今的欧洲古典室内设计风格，它包括欧洲中世纪时期、文艺复兴时期、巴洛克时期、洛可可时期以及复兴古典主义时期的室内设计风格。

4.1.2 风格特色

欧式风格通过对欧洲历史上相应时期的古典风格和经典元素进行提炼，用当代的材料和工艺技术，重新诠释出古典欧洲文化。欧式风格较为完整地继承和表达了欧洲古典风格的精髓，在传承、发扬古典欧式文化方面起到了非常重要的作用，是现代室内设计文化流派中特色鲜明的重要一支。欧式风格具有以下几个特点。

以石为主

欧洲古建筑在材料选择上多以石材为主。室内设计作为建筑不可分割的一部分，也体现出这一特征。欧洲人在合理运用石材性能和精心推敲尺度、比例后，形成了以柱式、拱券、山花、线脚、雕塑等石构造为主的装饰风格。

崇尚古典美学

欧式风格恪守古典美学规范，处处体现对古典形式的尊重。在布局造型和细部装饰上都特别强调主从关系，突出轴线，讲究对称，注重局部和整体以及局部相互之间均衡的比例关系。

突出空间层次感和立体感

古罗马人就已经开始运用写实的绘画手法。欧式风格擅长利用透视原理和光影变化来突出室内空间的层次感和立体感。

注重装饰效果

欧式风格注重室内装饰效果，善于用特定色彩组合、多种材质的对比以及丰富的装饰手法，来烘托室内环境气氛。

古为今用

欧式风格源自古典风格，但它并不是简单的复制和模仿。它筛选、摒弃、精炼，并灵活引用，在注重装饰效果的同时还原古典气质，具备了古典与现代的双重审美效果。

4.2 设计理念及设计手法

　　欧式风格起源于古典时代，去芜存菁，将古典元素与现代实际功能相结合，运用多种特定的手法营造出符合古典与现代双重审美效果的室内空间。它注重对古典元素的精心提炼，实施中注重取舍铺陈和突破发展。欧式风格特别强调两个原则：①讲求风格的纯净，忌不同风格无逻辑的混杂和简单堆砌；②用简化手法、新材料、新工艺和新技术去探求传统的内涵，以装饰效果来增强历史文化底蕴。

　　因为欧式风格有这两个原则，所以在实际运用中，欧式风格的设计手法重于常用元素。设计手法是内在精神，常用元素是外在表现，"神形合一"，才能最终得到完美的作品。欧式风格常用的设计理念和设计手法如下。

4.2.1 注重数学和几何规律

　　古希腊数学家欧几里得（Euclid，公元前330—公元前275年）的《几何原本》，对几何学、数学和科学的发展以及西方人的思维方法都有着极大的影响，也影响了古希腊的建筑艺术、欧洲建筑和室内设计艺术。法国古典主义建筑理论的主要代表人物勃隆台（Blondel，1617—1686年）致力于推求先验的、普遍的、永恒不变的、可以用语言说得明白的建筑艺术规则。这种绝对的规则就是纯粹的几何结构和数学关系。

几 何 定 律

　　文艺复兴时期的建筑师严格地遵循着欧几里得几何学的比例、倍数、等分等理论，寻找着理想的建筑和室内空间形式。

模 数 制

模数制的产生基于度量，它赋予人们衡量与统一的能力。设计中常以某个构件尺度为模数的1M（模），组成空间的其他构件的尺度都是它的倍数。这个模数小到砖石的尺度或是柱子的直径，大到拱券的高度或是建筑的开间。

4.2.2 尊重传统构图法则

欧洲人在几千年创造美的过程中对美的形式和规律进行了经验总结和抽象概括，并延续和指导其后的人们更好地去创造美。室内空间形式美的法则表现为点、线、面、体以及色彩和质感的普遍组合规律，产生了诸如均衡与稳定、对比与微差、韵律与节奏、比例与尺度，以及黄金分割等一系列以统一与变化为基本原则的空间构图手法。

1. 比例和尺寸

比例是和数相关的规律，属于严格的数学概念。它强调的是空间与人体、空间与空间、空间与陈设之间的相对尺度通过合适的对比，获得空间的舒适感。尺度和比例有关，但尺度涉及具体的尺寸大小。在实践中，判断建筑和空间真实大小的唯一标准就是人体，尺度即建筑和空间的大小与人体大小的相对关系，室内设计的相关尺寸要符合人体的尺度。

黄 金 分 割

从古希腊时期开始，0.618 ∶ 1就被公认为最能产生美感的比例。左图以柱径为一个模数，在室内空间中展现出黄金分割的比例关系。

2. 均衡

均衡是指依中心点或轴将不等形而等量的形体、构件或色彩等相配置，而使视觉受力达到视觉上的平衡。在构图上通常以视觉中心为支点，各构成要素以此支点达到视觉意义上的力度平衡。空间设计上常以不对称的形式来体现美学意义上的对称，多同量不同形色的组合取得画面的平衡状态。这种方式更有动感，能激发视觉兴奋，更加自由、灵活、有个性。

3. 对称

对称即物体或空间的两部分是对应关系，所有属性（包括大小、形状、排列等）在外观上完全一致。对称依对称轴位置不同可分为上下对称、左右对称和点对称。对称是均衡的一类，对称往往强调等量的性质和面积等的对应，而均衡更在于观念意念上的相称和对应。对称的形态在视觉上有秩序、庄重、规整（即和谐）之美。对称是人类最早掌握的形式美法则。

4. 对比与和谐

古希腊美学家毕达哥拉斯认为美就是和谐。和谐是事物和现象的各方面相互调和与协调一致，在多样变化中求得统一。和谐是在差异中趋于一致，对比是在差异中趋于对立。对比寓于和谐中，于和谐中求变化，两者相辅相成缺一不可。

在设计时，以对比因素中保留一个相近或相似的因素，使对比双方的某些要素相互渗透，使对比在视觉上得到过渡，取得和谐。和谐被认为是表达欧式风格的最高境界。

室内设计中常通过排列有序而类似的图形、协调的色彩组合或材质质感搭配、相似的时代风格和流派特色等方法来达到和谐。人的眼睛对环境的认识是从色彩开始的，而色彩又是依附于质感得以表现的。同色彩同质感或同色彩不同质感的运用是达到和谐的捷径之一。

4.2.3 常用色彩

色彩对人的生理、心理会产生特定的刺激信息，具有感情属性，形成色彩美。不同色彩具有不同的心理暗示，它会与代表时代的风格样式连在一起，对人的心理和情绪产生不同的影响。

红色和黑色

庞贝古城的遗址显示，古罗马人开始用橘红色和黑色颜料来装饰墙表面的上下部和壁柱。这两个颜色组合是罗马人最喜欢的颜色，被称为"庞贝色"，带有浓厚的历史感，它代表着庄严、地位、激情与欢乐。

灰 色 系

　　欧洲建筑多以石材构建。受当时社会制约，未经粉刷的石墙以及地面裸露石头或砖的灰色、未经印染的织物所具有的灰白色、裸露木材表面的灰棕色确定了中世纪以灰色为主色调，这也使得西方人对于灰色的使用频率超过中国人，他们将灰色与其他色彩相结合发展出了多种漂亮的灰色调组合。

黄 色

　　黄色从古罗马时期开始被当作高贵的颜色，它是除了金色以外最能象征财富和权力的颜色，低阶层普通人不被允许使用。不同色调的黄色常常被搭配着用于室内墙壁和室内织物。

蓝色和绿色

左边的中世纪手绘图（公元1300年左右）体现了当时权贵阶层丰富的室内装饰色彩。随着多种染色技术的发展，贵族的装束和室内织物上使用了鲜艳的颜色。它们是从古罗马时期开始使用的红色、黑色、黄色以及慢慢发展起来的蓝色和绿色，这些颜色也是哥特时期染色玻璃的主要颜色，它们传递着欧洲权力阶层的高贵和权威。

金色

金色是光泽色，象征着高贵、光荣、华贵和辉煌，是皇族不可替代的颜色。但它一般并不单独使用，常与白色、灰色、猩红色或紫色搭配，用于线条、装饰结构、布艺及家具。

白色

白色是欧式风格中最常用的颜色之一，它明亮、干净、畅快、朴素、雅致、贞洁，是对光明崇敬的象征。室内可以大面积地使用纯白，也可以使用乳白、灰白、象牙白、米白、月白等。

4.2.4 灵活的引用手法

古典的元素属于过去的时代，它的美丽会给人带来猎奇、怀旧、浪漫的情怀甚至是精神的寄托与虚荣的满足；它根植于人类本性的美学原理也会让人们快乐和神往。但是，让它们曾经辉煌的年代已经过去，如果运用不当或罗列堆砌则犹如穿戏装般滑稽。下面将介绍一些欧式风格中常用的引用手法。

1. 直接引用

我们不可能使用古人的技术、材料与施工管理方式，因此绝对的模仿是无法实现的。直接引用是指用适当的手法将古典的元素引用过来，使之与现代的生活方式、功能需要有机地结合起来。直接引用的方式有风格形式的套用、设计手法的套用、材料的模仿和细部的翻版。

风格形式的套用

风格形式的选择取决于室内整体的主题要求与空间特点。将古典形式直接套用时要注意保持所选择的风格的统一，除非要创造出一种玩世不恭的混杂效果，否则尽量不要将不同时代、地域的元素放在一个空间里面。

设计手法的套用

左图中这扇巨大的窗户是对文艺复兴时期帕拉第奥母题设计手法很好的诠释。深入研究古典样式的设计手法，并将设计手法以现代材料技术表现出类似的形式，是表现欧式风格所追求的神似的途径之一。

材料的模仿

　　形式与材料的引用可以同时进行，也可以分开。例如将传统样式用现代材料制作，或者以传统的材料表现现代的形式。左图中的房间顶角线采用了传统样式，色彩搭配也很古典，但是现代的材质及搭配方式使其充满了优雅与高贵的味道。

细部的翻版

　　欧洲古典建筑十分注重细节的设计与施工水平，任何只注重全局而忽视细部的设计都被视为粗制滥造。每一个线条的样式、线条的间隔、结束与转折的处理、圆弧的弧度、凹凸的程度以及所有细部的具体尺寸都要经过仔细推敲。

2. 对比引用

更有冲击力的引用方式是对比引用，即创造时空的强烈对比，将历史与现代碰撞，古典形式与现代形式共存。对比引用需要注意两个方面：一是两种形式要采用同一种构图手法与美学原理。二是记住要创造的是新古典主义风格，而不是后现代或反传统的解构，因此空间整体效果要在对比中寻求和谐。在使用对比引用时，要仔细琢磨如何协调现代中的古典与古典中的现代。

古 典 中 的 现 代

在古色古香的传统环境中加入现代元素，仍然要注意现代元素的简洁与典雅，在产生对比的同时感受到相同的内涵。

现 代 中 的 古 典

在充满时代感的现代设计中加入古典元素，要特别注意尺度的和谐与色彩的统一，古典元素作为视觉中心，周围环境不能喧宾夺主。

3. 软装的混搭

软装是室内可以灵活移动的物品，包括可以搬动的家具、布艺织物以及室内工艺装饰品。相较于固定在室内的其他装修装饰元素，软装的体量要小很多，但它却是体现风格不可缺少的重要部分，更容易快速达到所要的效果，同时软装带有"收藏品"的味道，因此更能接受不同风格的混搭。当然房间的整体装饰仍然需要由对应室内设计风格的特有色彩或样式来"统帅"。

家具的混搭

家具的风格与室内设计风格基本上是并行的，并带有明显的个人主义色彩。历史上比较成功的欧式风格家具样式有：哥特式、文艺复兴式、亚当式、赫普尔怀特式、谢拉顿式、摄政式、法兰德斯式、雪莱顿式、安妮皇后式、邓肯怀夫式等。

工艺装饰的混搭

工艺装饰分为功能装饰（镜子、花瓶、果盘等）、效果装饰（装饰画、工艺品等）和收藏装饰（古董、特殊嗜好品，甚至古建的部分构件等）。它们可以放置在新古典主义的房间，也可以摆放于现代风格的室内空间中，营造一种怀旧的文化氛围。

布艺的选用

布艺在室内空间中占有很大的覆盖面，对室内的气氛、格调、意境等起很大作用。欧式风格中布艺的样式、色彩与质感往往比较华丽，给人雍容华贵之感。设计时也可以保留其材料品质而简化造型与细节，以获得神似的效果。

4.2.5 变形的技巧

比起对传统形式的引用，变形是较难的设计手法，但会产生与时代更好的融合，使一件欧式室内设计作品变成时代产物。但变形并非随意扭曲经典，而是从功能、形式、手法出发寻求一种形体与内涵的平衡。

1. 功能的变形

每个时代赋予人不同的生活内容，进而产生不同的功能需求，因此设计师不得不对传统作出妥协或者改变，这种改变带来了必然的变形。与中式风格一样，欧式风格也面临着解决旧功能新形式与新功能旧形式的统筹安排问题。

旧功能新形式

有些功能至今没有改变，例如壁炉。这种传统的功能可以采用旧的构图原理，用新的材料、形式进行演绎。左图的壁炉仍采用对称构图，保留对炉墙与烟囱丁字形的崇拜。由于改用了煤气壁炉，原来用于燃烧的原木则成了造型的新元素。

新功能旧形式

传统的构件被赋予与原来功能完全不同的新功能，例如原来支撑建筑的柱式变成了灯柱。

2. 形式的变形

古典风格中的装饰多是由手工制作，材料工艺原始，施工周期长，加上人工成本，势必造成造价高。因此古典的形式需要进行必要的革新。这些由革新带来的变形带有明显功能主义的倾向，它们多体现在位置的改变、形式的简化、材料的改变、形式的幻化和时空感的体现等方面。

位置的改变

由于现代的建筑结构与平面组织发生了变化，使得室内装修时不能再遵循传统的模式。上图的壁炉被安置在楼梯正中，打破了一直以来古典风格中壁炉安定、稳固、静态的构图。

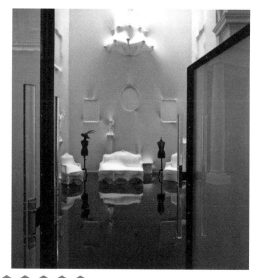

形式的幻化

将传统造型魔幻化，用现代的技术和材料创造出溶解、扭曲、动态或超自然的效果，给人一种完全不同的精神体验。这种变化不一定出于功能需要，而更接近于艺术设计。

形式的简化

　　简化古典繁复的装饰是最常用的变形手法之一，简化后的形式更加适应现代的施工工艺与施工管理。变形后的形式还可以选用新的建筑材料和更加时尚的色彩组合，但是进行简化的时候一定不能随意改变原来的比例关系和韵律感。

时空感的体现

　　新的质感与旧的质感放入一个相同的造型里以体现今昔对比，这就是常说的"做旧处理"或"部分做旧处理"，可以营造一种怀旧的沧桑感。

材料的改变

　　材料可以体现一个时代的技术水平，伟大的技术变革总是从材料先开始的。用现代材料重塑经典的传统造型会使室内空间充满科技感。

3. 手法的变形

变形不仅局限于形的简单改变，还可以将传统的设计理念与现代设计手法相结合，创造一个具有古典内涵的现代作品。

解 构 与 重 组

古典元素不再是简单地拿来，而是大胆地将其解构并用现代的方式重组。上图的灯罩内部原型其实是个洛可可顶面的花环。

意 境 重 现

摒弃对经典元素一丝不苟的描摹，只是用现代技法重新诠释古典的精神内涵。上图中的卫生间着重使用细巧而卷曲的线条，在现代的空间中向古典风格的精神致敬。这里看不到任何抄袭而来的洛可可装饰，洗手台也采用反常规的做法，但是却仍然能让人感觉到洛可可时代的精致、敏感与优雅。

戏 剧 化 的 设 计

源于巴洛克的戏剧化环境的设计手法，其实是表达了人们对于自由的渴望。

用现代材质和技艺遵照古典构图规则，让现代和古典碰撞在一起，这是一种后现代的设计手法。它迎合了 21 世纪的混搭风尚，无论形式还是色彩都有一种激动人心的错乱感。

4.3 常用元素

欧式风格有众多流派，每个不同的流派都有和其所表达的时代特征相对应的常用元素，甚至于惯用的颜色搭配组合。因此，欧式风格特别要求设计师要熟悉各个风格流派的特点和常用元素，准确地将借鉴的主题风格的本质特征和精神内涵表达出来，避免简单堆砌和无逻辑的混杂。

4.3.1 中世纪元素

中世纪前期（公元 10 世纪前），西罗马帝国灭亡，西欧地区的社会经济远远落后于东方的拜占庭（东罗马帝国），古典传统被抛弃，艺术技巧失传。而公元 7 - 8 世纪，伊斯兰文明随着阿拉伯人的军事扩张传递到西班牙、法国西部和地中海西部地区。拜占庭和伊斯兰在中世纪的行动，无论对当时的还是以后的西方设计，都具有不可忽视的意义。进入中世纪后期（公元 11—15 世纪）之后，随着封建制度的完善，西欧社会逐渐兴起，贸易和城市的复苏带动了社会经济的繁荣，使西欧社会在 13 世纪进入鼎盛时期。

欧式风格中的中世纪装饰元素包括基督教时期装饰、拜占庭装饰、罗马风装饰和哥特装饰。

1. 基督教时期装饰

中世纪早期，基督教开始在欧洲兴起，神庙不适应公众聚集和礼仪活动，基督徒们只得借用与他们需求相近的罗马建筑类型——巴西利卡。基督教时期的装饰多为古典时期就已经使用的大理石、色彩斑斓的壁画和镶嵌画地面。

2. 拜占庭装饰

拜占庭时期以古罗马的贵族生活方式和文化为基础，融合古希腊文化的精美艺术和东方宫廷的华丽表现为一体。其室内装饰艺术成就是将希腊晚期的镶嵌画和两河流域传统装饰相结合形成了富有浓郁东方风情的彩色玻璃镶嵌画。

3. 罗马风装饰

"罗马风"术语的产生是由于不断使用罗马设计的某些方面，特别是半圆形券以及其他罗马室内细部的翻版。罗马风装饰的传统因素很多，它被浓重的宗教气氛环绕，反映着忧郁而内省的情绪。室内半圆形券多采用深浅两色的楔形石砌成。

4. 哥特装饰

哥特时期发展了自己的细部装饰语汇，其装饰讲求象征与隐喻，暗示庄严而神秘的东西。哥特建筑由于墙体不再承重，因此窗的面积和重要性大大提高，玫瑰花窗、窗花格和彩色玻璃画均获得更大的发挥空间。哥特时期的雕像、浮雕和结构构件的结合也因此更加紧密，它们和尖券、肋形券、束柱、飞扶壁这些结构要素结合起来，构成哥特时期特有的充满张力与动感的画面。

垂直向上的线条

十字拱顶、尖拱加肋拱、飞扶壁和彩色玻璃构成了哥特时期特有的向上室内空间特征。虽然它们都不是哥特时期的发明，但欧洲人用这些元素将以往罗马式建筑的厚重、结实风格转变成了强调垂直向上、轻盈修长的独特形式，很好地诠释了宗教观念。

彩色玻璃

哥特教堂最重要的彩色要素来自彩色玻璃。色彩鲜明的彩色玻璃描绘着宗教故事，传播着宗教教义，也和哥特建筑高耸的室内空间相互影响，形成哥特时期特有的神权向上的光影感。

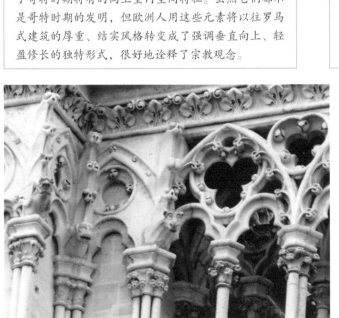

二圆心尖券(拱)

尖券和尖拱的侧推力比较小，有利于减轻结构；而且不同跨度的二圆心尖券（拱）可以一样高。为了丰富造型，圆形、花瓣形、细巧的柱头以及各种繁复的雕刻也被组织到尖券中，形成一种新的装饰风格，用以取代古典柱式的抽象语汇和古典型细部装饰物。

4.3.2 文艺复兴元素

文艺复兴建筑是 15—19 世纪流行于欧洲的建筑风格，起源于意大利佛罗伦萨。文艺复兴建筑在造型上排斥象征神权至上的哥特建筑风格，提倡复兴古罗马时期的建筑形式，特别是古典柱式比例、半圆形拱券、以穹隆为中心的建筑形体等。它是对中世纪设计思想的抛弃和古典主义设计思想的回归，设计上追求庄严、含蓄和均衡的艺术效果。

文艺复兴室内设计风格受到古典主义的强烈影响，对称是其主要概念，同时，线脚和带状细部采用古罗马范例。一般而言，墙面平整简洁，色彩常呈中性，多用白色调或画有细密绘画图案的墙纸。顶棚多装饰有丰富修饰的方格。地面由地砖、陶面砖或大理石布置成方格状图案或是比较复杂的几何图案。

1. 古典柱式

产生于古代希腊与罗马的古典柱式成为文艺复兴时期的重要元素。古典柱式的基本单位由柱和檐构成。常用的柱式有多立克柱式、爱奥尼柱式、科林斯柱式、塔斯干柱式。其中，多立克柱式、爱奥尼柱式和科林斯柱式统称为"希腊三柱式"。

文艺复兴时期的建筑师和艺术家们认为这种古典建筑，特别是古典柱式构图体现着和谐与理性，并且同人体美有相通之处。

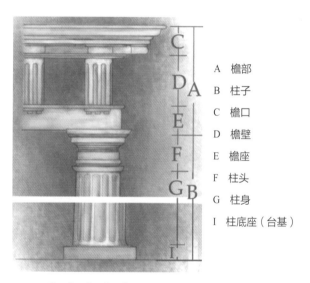

A 檐部
B 柱子
C 檐口
D 檐壁
E 檐座
F 柱头
G 柱身
I 柱底座（台基）

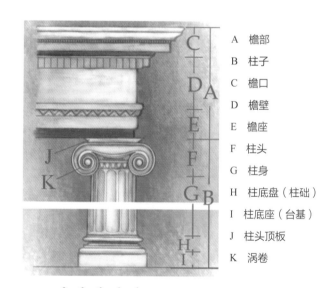

A 檐部
B 柱子
C 檐口
D 檐壁
E 檐座
F 柱头
G 柱身
H 柱底盘（柱础）
I 柱底座（台基）
J 柱头顶板
K 涡卷

多立克柱式

代表男性，柱身比例粗壮，由下而上逐渐缩小，柱子高度为底径的 4～6 倍，柱身刻有凹圆槽，槽背成棱角，柱头比较简单，无花纹，没有柱基而直接立在台基上，檐部与柱身高度的比例为 1：4。

爱奥尼柱式

代表女性，柱身比例修长，上下比例变化不显著，柱子高度为底径的 9～10 倍，柱身刻有凹圆槽，槽背呈圆角，有多层柱基，檐部高度与柱高的比例为 1：5，柱间距为柱径的 2 倍。

A 檐部
B 柱子
C 檐口
D 檐壁
E 檐座
F 柱头
G 柱身
H 柱底盘（柱础）
I 柱底座（台基）
J 托檐石
K 饰带

科林斯柱式

科林斯柱式的灵感传说来自于放置在墓地旁边的一只美丽的花篮。它是爱奥尼柱式的一个变体，两者各部位都很相似，唯有柱头变化较大。科林斯柱式的柱头不用涡卷装饰，而以毛茛叶纹装饰，并以卷须花蕾夹杂其间，是"希腊三柱式"中装饰最多的一种，也成为后来古典建筑细部喜爱的题材。

A 檐部
B 柱子
C 檐口
D 檐壁
E 檐座
F 柱头
G 柱身
H 柱底盘
I 柱底座

塔斯干柱式

罗马人将希腊多立克柱式进行演化，形成了塔斯干柱式。它的柱身比例较粗，无圆槽、有柱础，是一种充满力度与简单之美的柱式。

2. 山花

源于古希腊木架屋顶的山花形式与古罗马的半圆形拱券也是文艺复兴元素的重要形式。它们常常被用来设计门窗洞口，时而朴素简洁，时而又与雕刻结合在一起。与古希腊时期不同，文艺复兴时期这些山花与拱券一般不会分开单独用于一栋建筑，而是进行精心地组合与精确地计算，以达到各部分比例的和谐。

三角形山花

古希腊木屋架构成的坡屋顶会形成一个钝角三角形，多为建筑的主入口和主要立面，并且多使用凹凸的线脚和描绘神话与历史的浮雕进行装饰。

文艺复兴的建筑师复兴了这种山花形式，并进一步研究其比例，使其适合于小的门窗、洞口的尺度。三角形山花及其檐口保留，矩形的洞口取代了神庙的柱廊。

半圆形山花

这里的"半圆形"其实仅仅是一段圆弧，将其放置在矩形的洞口之上，可使洞口的形式更加丰富。

3. 山花、拱券与柱式的组合

文艺复兴时期的建筑师发展出了一套运用山花、拱券与柱式的组合方法。这套方法要考虑的因素有立面的整体比例、尺度、开间的大小、楼层以及是否有游廊等。常用的组合模型有券柱式、壁柱与山花和颇具个人风格的帕拉第奥母题。

券柱式

将拱券直接落在柱头上的券柱式起源于古罗马。它韵律优美、轻盈空透，但是受到开间与层高的限制。

壁柱与山花

没有了半圆形半径的限制，将壁柱安插在山花洞口之间，可以使整个建筑呈现出一种古希腊式的典雅与明朗。同时柱式檐口还起到连接立面成统一整体的作用。这种形式对开间的要求较低。它的重点在于柱式的选择、单柱还是双柱、柱子与檐口的比例、柱间距以及山花的样式等。

帕 拉 第 奥 母 题

建筑师帕拉第奥在处理较大的开间与较矮层高的立面时，运用了券柱式与壁柱相结合的手法。券柱采用双柱以拉大开间，双柱之上的圆形洞口增加了开敞度，还为立面增加了跳动的音符。这个母题在欧美曾被大量复制。

4.3.3 巴洛克元素

巴洛克建筑是17—18世纪在意大利文艺复兴建筑基础上发展起来的一种建筑风格。"巴洛克"的原意是奇异古怪。这种风格在反对僵化的古典形式，追求自由奔放的格调和表达世俗情趣等方面起了重要作用，巴洛克风格以浪漫主义精神作为形式设计的出发点，强调华丽非对称设计和夸张的大比例尺度。其特点是外形自由，追求动态，喜好富丽的装饰和雕刻、强烈的色彩，常用穿插的曲面和椭圆形空间。

1. 曲线与断裂

巴洛克风格摒弃了静态美学，着力追求一种戏剧性的效果，它表现的是内部的张力。力所带来的结果有两个：变形和破坏。曲线是变形的直线；断裂是破坏后的完整。因此，巴洛克风格喜爱充满内力的扭曲线条与断裂的构件。

线 脚

线脚是巴洛克装饰的重点之一。它们尽力躲开直角，用各式各样的带饰、雕刻与绘画减少面与面的交接感。

断　裂

　　山花常常削去顶部，或嵌入纹章、匾额及雕饰，或把两三个山花套叠在一起。

曲　线

　　曲线代表着力度与运动的瞬间凝固。从椭圆或不规则的平面形状开始，巴洛克建筑试图营造一个幻觉般的神秘而华美的世界。复杂的拱券组合、无处不在的涡卷，甚至行走的交通路线都会设计得弯弯曲曲。

2. 强烈的光影与复杂的形体

平面的东西过于安静，而巴洛克则追求强烈的动荡与不安，从而制造出反常出奇的效果。

强烈的光影效果

　　室内的光影不能平淡无奇，神秘莫测的感觉可以通过以下几种方法实现：不规则的平面；凹凸强烈的造型；使用镜面、玻璃等反光材料或华丽复杂的灯具；富丽堂皇的帷幔等织物的衬托……

复杂的形体

　　文艺复兴时期的许多构图原理在这里仍旧适用，例如音律般的节奏，只不过在这里节奏变得更加跳跃和复杂。

　　室内空间复杂、迂回，不经过仔细研究则很难理解。柱子常常用双柱代替单柱，拱券与穹顶上布满雕刻。室内空间繁花似锦，瓜果藤蔓众多，天使们仿佛随时都在飞动，有时分不清雕刻是装饰还是建筑构件。

3. 绘画与透视

巴洛克的色彩鲜艳明亮，善于用室内绘画，特别是顶棚上的绘画，给室内空间营造快乐热闹的戏剧氛围，对比强烈。

绘 画 的 构 图

构图一定要具有剧烈的动态。画中的形象拥挤着、扭曲着，不安地骚动着。绘画经常突破建筑的面和体的界限：天顶画中的人物飞到了墙壁上、一连串的景象将室内的不同空间连接在一起等。

透 视 图

随着对透视研究的加深，源于古罗马的透视壁画成为巴洛克最爱的绘画形式。透视法被用来延续建筑，扩大建筑空间。它们将广阔的室外远景带进室内，或者顶棚上接着四壁的透视线再画一两层，然后在檐口之上绘出高远的天空；或在墙上画几层柱梁和楼梯厅，仕女悠然来往。

4.3.4 洛可可元素

洛可可风格是法国 18 世纪的艺术样式，始于路易十四时代（1643—1715）后期，流行于路易十五时代（1715—1774），多用于室内设计，风格追求柔美细腻的情调，注重精美的细节装饰和自然的曲线，纤巧、精美、浮华、繁琐。室内装饰和家具造型上喜爱贝壳纹样曲线和苕莨叶呈锯齿状的叶子，C 形、S 形和涡旋状曲线纹饰蜿蜒反复，创造出一种非对称、富有动感、自由奔放而又纤细、轻巧、华丽繁复的装饰样式。

1. 轻薄的线条

洛可可风格与巴洛克风格相反，不喜欢强烈的体积感，转而追求细致、精美的娇弱线条。室内不再用壁柱，而改为镶板和镜子，四周用细巧复杂的边框围起来。

细 巧 的 线 条

洛可可风格排斥室内使用建筑母题，一般不会使用壁柱或山花。线脚和雕饰都是细细的、薄薄的，没有体积感。

门窗的上槛、镜子和边框的线脚尽量采用多变的曲线，这里的曲线不代表内力，而是表现柔美的姿态与对生硬直线的逃离。转角上采用涡卷、花草或璎珞来软化尖角。

木 质 镶 板

冰冷的大理石被淘汰出房间（当然除了壁炉，因为要生火）。墙面大多采用木板，漆成单色并且打蜡。室内追求一种母性的温情。

2. 闪烁的光泽

洛可可风格继承了巴洛克风格对光泽的向往，但要求更加细腻与精致。墙上大量镶嵌镜子、悬挂绸缎的幔帐；顶面上吊着水晶吊灯；室内地面或是桌面上陈设着光洁的瓷器；家具上镶嵌螺钿；大量使用金漆等。特别喜好在镜子前面安装烛台，欣赏反照的摇曳和迷离。在室内经常会见到晶莹的饰物以及镜面与大理石。

一切饰物都要求精致、细腻和光亮，室内如闪耀着点点星光。

镜面与大理石

很多时候，室内喜欢将墙壁采用各种规则和不规则形状的镜子来组成，镜子的骨架是镀金的枝叶，纤细而脆弱，往往蔓延成一个模糊的S形或C形。

壁炉采用磨光的大理石，与镜面交相呼应，温暖的炉火可以驱赶石材的冰冷感。

3. 自然主义母题

洛可可的名字来源于"Rocaille"，意思是岩石和贝壳，旨在表明其装饰形式的自然特征：植物的枝叶、贝壳、波涛、珊瑚、海藻、浪花和泡沫。花纹讲求完全的不对称，银色的灰泥装饰图案覆盖着轻而薄的屏风墙，墙上布满葱绿的草木、乐器、装满花果的羊角状饰物和贝壳。蝴蝶在洒满阳光的叶子上飞舞，青草围绕着屋顶的顶角线在抖动，鸟儿展翅飞向蔚蓝的天空。

这些描摹自然的曲线还构成托架、壁炉架、镜框、门窗框和家具腿。自然主义母题在室内体现在卷草与花卉、中国主题画面和精致小画上。

卷 草 与 花 卉
舒卷的草叶与花卉是洛可可风格的最爱，这个主题不仅用于室内，而且广泛用于绘画、装帧、家具、图案设计等各个艺术领域。

中 国 主 题
洛可可风格在形成过程中还受到中国艺术的影响，特别喜爱中国画、瓷器和丝绸，并将这些来自东方的艺术品作为财富与地位的象征。

精 致 小 画
摒弃了壮观的透视画，洛可可风格偏爱小幅绘画及其组合。画面也多是柔美女性和自然主题，被精致地装裱，配上优雅的画框。

4.脂粉气的色彩

洛可可风格主要用于私人的居住小空间，例如卧室、会客厅、音乐室等。房间大多为长方形，可能有的屋角做成圆形，刷成象牙白或淡青色。房间里没有壁柱，而且尽量保持最简单的模式，以便不去破坏自然主义与阿拉伯花纹的图案。它带来一种异常纤巧、活泼的趣味。尤其喜欢使用金、白、浅绿、淡蓝、粉红等充满脂粉气的色彩，饱含女性化的柔美和优雅。

高明度低彩度

最常用的色调是娇嫩的色彩与白色、金色的组合。

软装的色彩

为了使整体的色彩有所对比，家具、布艺等软装的色彩常常采用较重的组合，例如紫色、猩红色、深蓝色、墨绿色等。一般不喜欢纯度太高的颜色，整体色调淡雅、华美，体现出高贵与宁静。

4.3.5 复兴古典主义元素

复兴古典主义包括新古典主义风格和由新古典主义风格演化出的复兴古典主义风格。其中新古典主义风格因其对传统作品的改良简化、运用新的材料和工艺，同时仍保留了古典主义作品典雅端庄的高贵气质而很快取得了成功，欧洲各地纷纷效仿，盛行至今，并且为日后的后现代主义风格提供了有益的经验。

1.新古典主义风格

新古典主义风格是指以18世纪中叶以后流行的一种简朴、挺拔的直线型室内设计风格，这种风格的诞生使洛可可风格成为过去。到了19世纪上半叶，新古典主义又被各种历史风格的复兴古典主义所取代。新古典主义风格以古典柱式为构图基础，突出轴线，强调对称，注重比例，讲究主从关系。

（1）乔治风格（GEORGIAN）乔治风格源于 1720—1840 年四任英国君主（乔治一世至乔治四世）时期的古典建筑风格。它最大的特点是强调比例和平衡感：运用简单的数学比例来决定建筑结构。作为一种艺术风格，它的工艺品造型更笨拙庞大，装饰更加华丽。社会趣味越来越偏爱异国情调，这让来自土耳其、印度、埃及和中国的母题得以频繁使用。乔治风格以及其中 1810—1830 年英王乔治四世时期的摄政风格有以下几个特色。

① 风格稳重、饱满，器物、家具材料结构结实。

② 流行的母题有棕榈纹、埃及狮兽纹、埃及鹰兽纹、花束纹、橄榄牌饰、缠绕纹等。

③ 材料运用丰富，即使一个抽屉也可能由多种材料制成：黄铜镶嵌、象牙乌木混合的把手、红木的木材内层等。

（2）维多利亚风格（VICTORIAN）形成于 18 世纪的维多利亚风格，在艺术上影响深远，它色彩绚丽、用色大胆、色彩对比强烈。黑、白、灰等中性色与褐色、金色结合突出了豪华和大气。繁复的线脚、华丽的壁炉，水晶灯饰、蕾丝窗纱、彩花壁纸、精致瓷器和细腻油画，这些都是体现维多利亚风格的要素。

在一些朴素的住宅中，一般使用松木地板，然后用蜂蜡和松脂对其分色和磨光，用小块不同颜色的硬木铺设成几何图案，地板上还要覆盖地毯。大厅通常采用有油彩的瓷砖，铺设成几何图案。花饰瓷砖提供了一个耐久且易清洗的表面，在过厅及浴室中也很流行，丰富的色彩和肌理使地面异彩纷呈。

石膏装饰

在维多利亚时期，装饰性的顶面深受人们喜欢，大型住宅中的顶面大量使用了易于造型的石膏，圆形大浮雕从新古典时代一直延续下来，在各种不同复兴风格中被广泛使用。石膏制的玫瑰、垂花、肋状物、花卉以及结彩大量出现在维多利亚风格的室内。

家 具

　　家具常采用曲线形式，以凸显其装饰性和复杂的雕饰，它既要舒适，又要显得华丽。垫子与木框相互匹配，倾向于厚重和圆润，常常有褶皱和束卷；垫子里使用弹簧支撑柔软而饱满的表面；带有精致而艳丽的编织图案是其外部覆盖材料的标准。这些家具都有大的尺度和过分的装饰，成为展示身份的象征。

 墙 面

　　浅浮雕广泛流行，它是一种压缩的轻质而带有线脚的墙纸，用在平淡的顶面上可增加质感。同时墙纸也是特别流行的墙壁处理方式，可用在木墙板上或朴素的粉墙上，其图案也许是几何形状、花卉，甚至风景，墙纸边缘设计花草装饰或希腊线脚来收头，以创造出合适的构图。

2. 复兴古典主义风格

18世纪中叶至19世纪上半叶，新古典主义与浪漫主义两种主要艺术潮流在西欧并行发展并相互交织。虽然新古典主义强调规范与准则，浪漫主义注重反叛与创造，然而在实际设计中，新古典主义不强调清晰的个人风格，而是寻求表现永恒的有效真理，浪漫主义则提倡自然主义，主张创作自由，强调表现艺术家的个性，重视想象和感情，两种情怀并存交织着。随着浪漫主义思潮的发展，19世纪迎来了对各种历史风格的复兴，如哥特式复兴、罗马式复兴、希腊式复兴、新文艺复兴、巴洛克式复兴等，甚至还有东方异域风格复兴。在室内设计范畴，它们被统称为复兴古典主义风格。

复兴古典主义风格可以说是文艺复兴运动的反映和延续，它其实就是经过改良的新古典主义风格，保留了古典主义风格的传统材质、色彩等历史痕迹与浑厚的文化底蕴，简化了过于复杂的肌理和装饰。

亚当风格（ADAM）

亚当风格由罗伯特·亚当与詹姆斯·亚当创立，并迅速在欧洲与美洲流行起来。它综合了来自各种风格的元素，将古典的建筑形式赋以时兴的轻巧和自由。亚当风格的作品部分带有帕拉第奥的特点，部分带有洛可可风格并趋于严谨的古典主义。

古典元素

亚当风格纯熟地将古典与浪漫相结合，综合希腊式、罗马式、哥特式甚至埃及式建筑中的元素，开创了一种伟大的风格。

色彩

很多年以来，抹灰工作都是使用白色涂料，直到亚当兄弟在其原创的颜色设计中使用了色彩。这张由罗伯特·亚当用精细水彩绘制的剖立面图展示了他在约克郡一个重要宫殿的男更衣室的室内设计。华丽的石膏装饰和绘制的细部带给了房间宝石般的美妙。

5.1 背景研究

5.1.1 风格解析

乡村风格是指以田地和园圃特有的自然特征为形式手段，带有一定程度的农村生活或乡间艺术特色，贴近自然、向往自然的风格流派。

5.1.2 历史渊源

公元 476 年，西罗马帝国被日耳曼人所灭，之后的欧洲没有一个强有力的政权统治，先后有法兰克、勃艮第、东哥特、西哥特、盎格鲁撒克逊等王国建立。王国纷争与封建割据带来频繁的战争，城市衰败，无数诸侯国维持着分崩离析的农业经济。中世纪时的经济主要是封建制的庄园式自然经济，虽然这一时期科技和生产力发展基本停滞，但各国却慢慢发展出具有强烈民族特色的乡村艺术。

自 15 世纪开始，随着城市共和国的繁荣与政治、军事、经济贸易交往的频繁，流行的各种风格开始在欧洲大陆传播开来。宫廷艺术与城市文化成为被乡绅与庄园主争相效仿的对象。

乡村艺术与宫廷艺术不同，它不属于历史的主流艺术，但是却不可避免地受到主流艺术的引导与渗透。乡村艺术与宗教艺术也不同，它更关注人的生活和民族传统而不是对"天国"的向往。因此在漫长的历史长河中，决定乡村风格的因素既来自于当时流行的风格，又带有明显的民族与地域特色。

今天以钢筋水泥为支撑的现代都市建筑，其外观与室内装修都越来越远离自然。奔波于快节奏的工作场所和狭窄的居室之间，生活的压力和生存的竞争使一切都变得具体而实际。对奔忙在繁华都市的现代人来说，回归自然的风尚无疑能帮助他们减轻压力、舒缓身心，迎合他们亲近自然、追怀恬静的田园生活的需求。因而在室内设计流派纷呈的今天，崇尚自然、返璞归真的乡村风格历久不衰，成为室内设计的一种重要趋势。

5.2 设计理念与风格特色

淳朴的乡村气息与追求闲适的浪漫主义情怀构成了欧洲乡村风格的主调。它们来自于乡村那疏密有致的小巧街景、温暖舒适的农舍和优雅的城堡。

朴实的乡野魅力

乡村风格反对过分装饰，追求一种简单朴实的隐逸格调。乡村风格的使用对象是劳动人民，许多单件的家具或许很华丽，但这往往是为特殊场合准备的，如婚礼时的嫁妆。

自然的色彩与图案

乡村风格的色彩大多来自于自然，如砂土色、玫瑰色、紫藤色等。而常用的图案带有农耕生活的细节，如花纹（尤其是小碎花）及方格。

　　欧洲贵族、资产阶级对乡村风光的喜爱与乡绅对城市时尚的追求使不同时代的主流艺术思潮很快传到乡村，尤其在法国路易十五时期与英国维多利亚时期。而现代交通的便利与互联网的发达也使偏僻的农舍可以选购到心仪的流行装饰。

时代与地域的混搭

　　乡村风格住宅的室内看上去并不总是风格统一、井井有条。但从根本上说，这种表面的不同时代、形式和颜色无条理混合正是均衡与和谐法则的具体体现。

空间功能的多样化

　　乡村生活不像城市里那样精确，一个主要的大厅往往兼备厨房、餐厅和起居室等功能。左图的水彩画是英国插画大师吉尔·巴克莲创造的 18 世纪野蔷薇村的室内景象。一个巨大的餐具柜、一座用来取暖和烹饪的壁炉、一张厚实的橡木长桌构成了主要家庭生活的场景。

怀旧的家具和装饰

　　几件旧家具与祖先留下来的古董是最好不过的乡村风格装饰物，它们代表着对过去美好生活的眷恋。

5.3 乡村风格的主要流派

　　乡村风格重在对自然的表现，但不同的地域有不同的自然环境，进而也衍生出多种不同流派的乡村风格，主要有法式乡村风格、英式乡村风格、美式乡村风格、韩式田园风格、东南亚田园风格和中式田园风格几种。

5.3.1 法式乡村风格

　　温馨简单的颜色及朴素的家具，以人为本、尊重自然、令人倍感亲切的设计因素，有一种普罗旺斯的浪漫和优雅。

1. 家具

1）家具颜色：家具颜色上做洗白处理。

2）家具材料：以橡木、松木等原生材料为主，体现乡村风格的实用及敦厚风格。

3）家具样式：椅脚被简化的卷曲弧线及精美的纹饰装饰。门框、窗框等建筑要素采用中世纪遗留元素。

2. 装饰物

以朱伊纹、大马士革纹、莫里斯纹为主。以白色、米色、蓝色、灰色或红色为主色调，带有中世纪田园风格美感。

1）朱伊纹：朱伊纹源于 18 世纪晚期，是法国传统印花布图案，以人物、动物、植物、器物等构成的田园风光、劳动场景、神话传说、人物事件等作为图案。

2）大马士革纹：大马士革纹源自古欧洲的唯美图案。虽造型设计繁杂，但却不易让人产生审美疲劳，具有雅致格调。

3）莫里斯纹：莫里斯纹以装饰性的植物题材作为主题纹样的居多，茎藤、叶属的曲线层次分解穿插，互借合理，排序紧密，具有强烈的装饰意味，可谓自然与形式统一的典范。

朱伊纹装饰图案　　　　　　大马士革纹装饰图案　　　　　　莫里斯纹装饰图案

5.3.2 英式乡村风格

家具颜色

英式乡村风格家具多以奶白、象牙白等白色为主。

以高档的桦木、楸木等做框架，并做细致的线条和高档油漆处理。制作以及雕刻全是纯手工的，十分讲究。

以碎花、条纹、苏格兰图案装饰，是英式乡村风格的主调。

5.3.3 美式乡村风格

美式乡村风格摒弃了繁琐和奢华，并将不同风格中的优秀元素汇集融合，以舒适机能为导向，强调"回归自然"，使这种风格变得更加轻松、舒适。

美式乡村风格突出了生活的舒适和自由，不论是感觉笨重的家具，还是带有沧桑感的配饰，都在告诉人们这一点。

家具样式

家具整体粗犷厚重、朴实、历史感浓厚，造型较为含蓄、保守，以舒适机能为导向，兼具古典的造型与现代的线条、装饰艺术的风格，充分显现出自然质朴的特性。

家具材料

通过木材的纹理、节疤来表现材质的粗犷美，增强室内的自然气氛。

墙面颜色

墙面色彩以自然、怀旧、散发着浓郁泥土芬芳的颜色为主。

装饰物

砖饰面使用接缝很大的砖，墙纸通常用纯纸浆，绘有较大的具象的图案，如马赛克拼花、树叶等。

家具颜色

使用绿色、褐色、土黄色等。多仿制旧漆，做旧处理。

空间处理

美式乡村风格一般要求设计样式简洁明快，同时装修较其他空间要更明快光鲜。

美国人喜欢有历史感的东西，这不仅反映在软装摆件上对仿古艺术品的喜爱，同时也反映在装修上对各种仿古墙地砖、石材的偏爱和对各种仿旧工艺的追求上。美式乡村风格的客厅是宽敞而富有历史气息的。

5.3.4 韩式田园风格

　　韩式家居布置较为温馨，"家"作为私密空间，主要以功能性、实用性和舒适性为考虑的重点。一般卧室不设顶灯，多用温馨柔软的成套布艺来装点，同时在软装的用色上非常统一。

家 具 样 式

　　以欧洲中世纪家具样式为主，家具柱脚多用弧度处理。

 家具材料

碎花、格子为主的布艺沙发、靠垫，以及以白色为主的仿古木纹家具。

家具色彩

韩国年轻人偏爱白色和粉色系，如粉黄、粉红、粉蓝等小清新颜色。只有年纪渐长的人才会使用深沉的红木家具。

装饰物

碎花布艺、灯和铁艺装饰都是韩式田园风格不可或缺的装饰。铁艺灯的线条要尽量简单，枝蔓的造型是首选。仿古面的墙砖、橱具门板多用实木门扇或是仿木纹肌理的白色模压门扇。另外，厨房的窗也常配置窗帘等。

装 饰 细 节

　　韩国人注重细节品质，会在白色的现代家具中融合些许精致的欧洲装饰元素。这些装饰细节小面积地点缀在家具边沿，例如朴素的野花与纤细的小草，极具柔美与婉约之感。

　　韩式田园风格可以很浓重，也可以很素雅，婉约温柔中带着坚韧。

　　韩式家居风格的柔美很容易赢得人们的好感，它代表了唯美、自然的格调和生活方式。柔美的色彩绽放在小巧的空间内，使紧凑的空间拥有轻灵感，是一种享受。

5.3.5 东南亚田园风格

　　东南亚田园风格的家具显得粗犷，但平和而容易接近。材质多为柚木，光亮感强，也有椰壳、藤、贝壳等材质的家具。运用天然的材质做旧工艺，并喜做雕花。色调以咖啡色、海洋蓝为主，将东南亚的热情体现得淋漓尽致。

家具样式

　　东南亚家具的设计抛弃了复杂的装饰、线条，而代之以简单、整洁的设计，为室内营造了清凉、舒适的感觉。

家具材料

　　印度尼西亚的藤、马来西亚河道里的风信子和海藻，以及泰国的木皮等，都散发着一股浓烈的自然气息。

　　东南亚由于地处热带，气候闷热潮湿，为了避免空间的沉闷，因此在装饰上多采用夸张艳丽的色彩冲破视觉的沉闷。斑斓的色彩其实就是大自然的色彩，让色彩回归自然也是东南亚家居的特色。

装 饰 物

　　东南亚田园风格在装饰物方面多采用棉、麻等天然制品，其质感正好与乡村风格不饰雕琢的追求相契合。有时也在墙面挂一幅毛织壁挂，表现的主题多为乡村风景。东南亚田园风格以热带雨林的自然之美与浓郁的民族特色风靡世界。尤其在中国珠三角地区，更是受到热烈欢迎。东南亚式的设计风格之所以流行，是因为它独有的魅力和热带风情盖过了大行其道的简约风格。

5.3.6 中式田园风格

中式田园风格在室内布置、线形、色调以及家具、陈设的造型等方面，汲取传统装饰的"形""神"，以传统文化内涵为设计元素，革除传统家具的弊端，去掉多余的雕刻，糅合现代西式家居的舒适，根据不同户型的居室，采取不同的布置。

家具材料

中式田园风格的家具多以藤条、原木为主要材料，更接近大自然。而中式田园风格中的各种要素也都体现了古典的风情，让自然与文化并存。

　　中国历史悠久，中式家具多种多样，有正方形、长方形、八角形、圆形等形状图案，也有雕刻图案，内容多样，内涵丰富。中国的传统吉祥图案都能在家具样式中找到合理的几何学拼图形状，线条优美，令人产生多种审美观。

　　中式田园风格的装饰物有挡屏、实木雕花、拼图花板、黑色描金屏风、手工描绘花草、吉祥图案等，色彩强烈，配搭分明，更加有田园风光的宁静、雅致。

家 居 色 彩

基调是丰收的金黄色，尽可能选用木、石、藤、竹、织物等天然材料装饰。软装方面常有藤制品、绿色盆栽、瓷器、陶器等摆设，烘托出自然色彩质朴的一面。

中式田园风格的设计要素无外乎三个：自然恬适、人文气息以及艺术特性。三要素相辅相成，缺一不可。自然恬适中带有深厚的人文气息。无论是自然恬适之感还是深厚的人文气息，都透露出一种特别的艺术特性。不经雕琢的粗犷之美，是中式田园风格的一大特点。

5.4 常用元素及设计手法

5.4.1 墙面及门窗

1. 墙面

采用混有稻草的黏土砖砌筑墙体的传统一直流传至今，它迎合了现代社会节能、低碳的可持续发展理念，而且透气性良好，宜于居住。

 壁 纸

最具乡村风格的壁纸有几类：花草纹（最好是小碎花）、条纹或缎带形、几何图形和单色的暗纹（也可有凹凸肌理）。有时两种壁纸会分上下两段使用，中间用带饰隔开。常见的颜色有玫瑰色、淡粉色、浅绿色、浅蓝色、黄色和象牙色，还可以把接近补色的色彩组合在一起使用。

 色 彩

欧洲乡民用来自大地的颜色粉刷他们的家——绿色、棕色、白色或是大自然调色板上的其他颜色。斯堪的纳维亚有许多房屋是红色的，采用瑞典法伦矿区的氧化铜矿物生产的红色颜料。他们既喜欢诱人的柠檬色、淡紫色、粉红色、天蓝色、桃红色和薄荷绿色，也喜欢深一些的黄褐色、南瓜色、赤褐色和灰玫瑰色。

带 饰 与 镶 边

带饰分腰带线与顶角线，分别粘贴于距地面76cm左右与距顶面30cm左右的高度，用来划分墙面或用于两种材料的过渡。

艺 术 墙 面

艺术墙面采用手工制作，包括墙面肌理效果与手绘图案。墙面肌理通过刮刀、海绵或其他工具进行刮、抹、蘸、擦等工艺处理。花卉画饰由工艺师手绘于饰面板，是一种装饰墙壁和家具的传统艺术模式。

漏 印

　　漏印是将图案镂刻在塑料膜片上，运用硬刷或海绵将不同色彩印于镂空部分从而产生连续的纹样。在北欧，漏印是一种常用的装饰方法，这种方法在当今仍十分流行。

层 板

　　层板由横板与托架组成，用于放置工艺品或生活用品。有时几块层板会组合在一起使用，形成一种错落有致的布局。层板一般采用与护墙板或家具相同的材料与色彩。

护 墙 板

　　护墙板可以很好地保护墙面粉饰及壁纸，方便清洗。这种源于使用功能的护饰面做法成为乡村风格的典型元素。护墙板常采用木板条拼接，接缝处留有凹槽，刷白漆或保留木本色。

传 统 壁 炉

乡村的壁炉不仅用来取暖，人们还可用它来烹饪。有的壁炉两侧会设计有层板或者壁龛，有的则设置长凳以供人们在炉边休息。除了电能壁炉外，炭火与天然气壁炉都要设置排气烟道。此外，木炭取暖的壁炉还要考虑放置木炭及拨火棒的空间。

艺 术 瓷 砖

比起繁忙的城市生活，在乡村人们有更多的时间待在厨房里，也更注重厨房的装饰。这使艺术瓷砖成为乡村风格中一道亮丽的风景。它与室内的其他陶瓷制品也应有所呼应。

陶 瓷 壁 炉

陶瓷壁炉自1767年问世以来，就开始慢慢取代传统壁炉成为主要的取暖热源。有了这项发明，住宅整个冬天都很暖和，这样就使得家具可以分散放置在家里的各个地方。这种精美的陶瓷制品至今仍流行于德国及北欧，除使用功能外还可作为室内的装饰品。

2.门窗

门窗分为外墙门窗与室内房门、隔墙窗。外墙门窗的样式取决于建筑立面，往往比较简洁，重实用功能。室内的房门窗及其门窗套则可视室内的整体效果设计成更有个性的样式。

推 拉 窗

较窄的单扇窗子常常设计为上下的推拉窗，密封性好的也可以做成向外的推窗。窗下墙、窗套与墙面护墙板连为一体，也可以不包窗套。

意 式 窗

意式窗是以半圆形券为主要特点的宽窗，窗扇两扇对开。受到文艺复兴与手法主义的影响，券顶常有拱心石状装饰，配有较华丽的窗套，窗格通过圆心发散式布置。

法 式 窗

比例细长一直延伸到地面的窗被称为法式窗，它由上部的窗格与下部的裙板组成，窗格分成多块小的矩形玻璃，裙板上还能做凹凸线脚。它既可用作落地窗，也可以作为出入房屋的门。

手绘门

左图为现代瑞典绘画之父卡尔·拉松（Carll Larsson，1853—1919 年）绘制的自己居住的农舍。图中的房门表现出 19 世纪流行的自然主义图案，这些主题充斥着花草的野趣与达尔文式的精准，还常常配有文字说明。

板条窗和百叶窗

为了遮挡强烈的阳光，外墙常常安装有用实木板条拼接的板条窗或百叶窗。百叶窗可以挡光透气，更加受到青睐。

板条门

板条门来自于传统的农舍与防御性的城堡。门板厚实坚固，用门钉与后面的横档固定，配以铸铁铰链及造型独特的铸铁把手。

玻璃板门

玻璃板门与法式窗类似，由窗格与裙板组成，但比较宽，一般在 80cm 左右。常用白色、蓝灰、绿灰或木本色。

5.4.2 地面

乡村风格的地面往往因地制宜采用当地盛产的装饰材料：大理石、花岗岩、石灰石、陶瓷、松木、椴木，甚至沼泽底下发黑的原始橡木。

1. 砖石地面

砖石地面坚固耐用，易于清洗，常用于公共空间中表现乡村野趣。但一般不用抛光砖或过于现代感的地砖。

陶砖地面

陶砖比釉面砖更加古朴、粗犷，色彩充满自然的随机性。由于不上釉所以更加防滑，透气性好，但它不如釉面砖容易清洁，防渗性较差。

石板地面

朴实的石板地面向世人展示出当地的花岗岩与石灰石的魅力。结实耐用的灰色或棕褐色石板地面闪烁着时间打磨的光泽，地面上可以什么都不要，也可以铺一块东方地毯或是织出花卉、宝石和曲线的爱尔兰地毯。

釉面地砖

釉面地砖可根据需要烧结成不同的色彩、肌理、纹理，还可模仿大理石、石板等天然材料。铺砌时可以进行拼花或围边以产生丰富的效果。

2. 木地板

木板是最丰富的自然资源，所以顺理成章地用来装饰原本是土地的地面。木地板可以是不上油漆的抛光原木，也可以上清漆或深色清漆以强调木材之美。

3. 地毯

铺设地毯可以采用两种方法：一种是全部铺上羊毛地毯或花卉图案地毯；另一种则要显示地板的古色古香，只用华丽的东方地毯、手工编织的条纹、宝石纹或几何图案的亚麻、羊毛地毯点缀。

5.4.3 顶面

欧洲村舍的屋顶原来是木梁茅草顶，之后瓦片代替了茅草。在室内，露明的屋架结构成为顶面最佳的装饰。

旧时城堡中许多屋顶沿袭古罗马的建造技术采用筒形拱、十字拱或穹顶，为屋顶下的空间创造出丰富而充满神秘感的氛围。

木 横 梁

传统的木制屋顶结实而实用，横梁和桁架支撑的高耸空间散发着古老的魅力。目前较常见的做法是木梁上铺木板或木屑加工的防水板，上盖防水卷材及油毡瓦片。

木 梁 与 抹 灰

两种材料对比使用可以突出屋顶木梁的自然魅力。白色的抹灰也可以提高室内亮度，方便配置其他部分的色彩。

平 顶

平顶的材料以抹灰为主，不贴壁纸，色彩大多为白色或淡色。为使顶角线显得平直，常常贴石膏装饰线条。装饰线条可以沿顶角围边，也可以在顶角以下20cm左右围合，以增大房间的视觉面积。

坡 屋 顶

传统的村舍大多采用坡屋顶，屋顶部分做成阁楼存放杂物或作为小型卧室。低矮部分放置床铺或矮柜。

5.4.4 家具陈设

村舍中的家具陈设随意自如，新与旧、明快的颜色与暗淡的 颜色尽可以融合在一起。在欧洲乡村厨房的用餐区，各种各样的陈设混杂在一起，却营造了和谐的氛围，这是由它们类似的形状、大小和材料质感形成的。

1. 藤、柳、竹、草制品

欧洲乡村常用到藤制桌椅和橱柜、柳条沙发、竹杆装饰架及草编坐垫椅等。

灯芯草椅

在爱尔兰中西部，人们仍然在制作桦木框架的草绳椅，它的椅座是可以更换的稻草绳或灯芯草绳。另外一种常见的椅子叫灌木椅，是用缠绕在一起的灌木枝做成的。

藤柳家具

藤柳条质感温和、质轻、色彩古朴。藤皮的纤维光滑细密，韧性及抗拉强度大，浸泡后柔软，干燥后又恢复坚韧，因此特别适合绑扎和编制，加工方便又有弹性。藤皮常与竹、木、金属材料结合使用，用藤皮绑扎骨架的节点着力部位，或采用棕绷的手法在椅面穿条，编织座面、靠背面、床面等。藤心主要作为骨架材料使用。

2. 木制家具

木制家具温暖着石地板，又与用精致的瓷釉和锻铁修饰的火炉形成对比。

一把古董椅子、一个松木凳子或高靠背的床和老式柜子…各式家具放在一起不仅不显凌乱反而很优雅。

常用的木材有红木、松木、青龙木、橡木、枫木、胡桃木、椴木等。有的还采用山楂、黑莓等灌木。

 木 制 边 桌

　　木制边桌可以放置在任何功能的空间内，它兼有实用性与装饰性。桌子上可以放置台灯、帽子、手套、信件、钥匙等家庭用品，最好再来点刚从花园里采摘的鲜花。

木 床

　　常用来制作大床的木材有松木、红木、胡桃木和青龙木。有的床配有四柱与完整的华盖。坐卧两用床也是常用的形式，这种床也可以放置在客厅或书房内，平时作为沙发来使用。

罩床

乡间的床经常被设计得既温馨又有私密性。许多床都装饰着帷幔，主人可以在里面更衣。这些帷幔还能够阻止灰尘、虫子和冷风进入。

木制餐桌椅

一张长长的松木桌子，两条褪了色的教堂式条凳勾勒出一种纯朴的简约之美。桌子上简单的烛台、鲜花、红酒都显得随意自如。

木制橱柜

传统的乡下橱柜厚重、硕大，用来放置衣物、被褥，是家中的男士或请专门木匠手工制作的。橱柜的镶板和手绘图案都是展示手艺之处，镶板类似相框，就是在家具的正面镶入带相框的绘画，当然所谓的"绘画"仍然是在橱柜的木板上手工绘制的传统图案。

木制餐具柜

餐具柜是存放日用瓷器、艺术瓷器、篮子、油灯以及食物的地方，也是厨房最显眼的装饰。有的餐具柜中也会摆放银器、茶具、香料与主人喜爱的工艺品。

木箱

古老的木箱可能是祖母的嫁妆，装满祖辈留下来的传家宝，也可能已经腐朽不再耐用。无论如何，它精美的花饰与金属配件都能勾起我们对远古的想象。

3. 布艺家具

布艺家具符合舒适、随意的乡村品味，成为坐卧家具的必然之选。而且布艺家具可根据季节、心情与兴趣的改变随意变换布艺形式、色彩和图案，为生活带来源源不断的新鲜感。充满民族特色的各式织物也为布艺家具提供了创作的空间。

木框架布艺座椅

布艺家具分两种，一种是框架与布艺分开，木框架可以单独使用；另一种是框架与布艺通过弹簧、海绵等填充材料连接成一个整体。

布艺床

为了表达简洁之美，许多床架隐藏在床垫之下。为创造一种法兰西情调，床头有时会挂浅色的帷幔。白色墙壁、护墙板、老式的柜子与台灯、洁白的床单与紫色的毯子营造出一种浪漫氛围。

布艺沙发

布艺沙发柔软宽大，既可供人围坐在一起轻松地谈话，也可以让人独自蜷缩在里面享受安静的时光。欧洲乡村传统的客厅一般不放电视，而是以壁炉为中心，环以沙发、茶几，表现出好客与喜爱交谈的特点。

软垫椅

软垫椅常用于餐椅、卧室床边椅或配合沙发使用。软垫可以放置在椅面上，也可以嵌入框架中。

4.金属家具

常用于乡村风格家具的金属有铸铁和黄铜，现在常用钢材电镀来代替黄铜。铁艺构件为生铁铸件，铸铁的铸造性能优于钢材，价格低廉、重量大、强度高，常用来做家具的底座和支架。

铁艺沙发

铁艺沙发也可以属于布艺沙发，因为金属是无法单独作为沙发使用的。金属框架采用曲线形，制成柔和的扶手与靠背，其形式受到亚当风格、谢拉顿风格的影响。

金属桌椅

在休闲的空间或室外花园常用金属桌椅。它的框架采用铸铁，桌面采用木材、石材或高分子复合材料，椅面多用木材，用在室内也可以采用软垫椅面。

金属床

最常见的金属床有两种样式：像葡萄藤一样曲线形和像大树一样的垂直形。床架有黄铜的或铸铁的，并经常使用雕花、雕饰、球形装饰进行装点。

5. 卫生间家具

乡村卫生间往往很大，不仅采用瓷砖来装饰墙面，还会使用油漆、壁纸、护墙板和各种织物来让卫生间焕发出生机与活力。地面会采用地砖、地毡、塑料或涂了油漆的防腐松木板。

你也可以用镀金的镜子、雕花小柜、木制小药箱、台灯去再现不同时期的装饰风采；再配上下拉百叶窗、带帘子的磨砂玻璃窗或彩色玻璃窗以增强浴室的私密性。

洗手盆

洗手盆采用天然原料，质朴、原始，充满乡间野趣。

浴 缸

在吉尔·巴克莲的绘画中可以看到维多利亚风格喜爱的爪形浴缸。假如浴室足够大，还可以在里面放一把椅子。纯棉浴巾、陶瓷牙刷架、古老的肥皂盒、喜阴植物等细节都会显示出协调、优雅之美。

5.4.5 装饰

迷人的乡村庄园里，从天花板到地面都给人赏心悦目的感觉：枝形吊灯、提花帷幔、大理石壁炉上的烛台和镜子、家人的肖像、风景油画以及 19 世纪的古董，都让人眼花缭乱、啧啧称道。

1. 植物与绿化

没有植物的室内就失去了乡村风格的生命力，何不将大自然请入房间，与人造饰物平分秋色？

室内绿化

绿色植物与鲜花印证了主人对大自然的热爱，无处不在的花纹图形（桌布、沙发）与屋顶的紫藤交相辉映，谱写出一曲静谧的田园牧歌。

 鲜 花

　　鲜花的陈设不拘一格，夏天壁炉不升火时可以当作花架，让整个房间焕发生机。

2. 布艺

　　室内布艺面积占装饰总面积的比例十分大，而丰富多彩又是乡村装饰的标志性特点。丰富中寻求平衡的关键在于协调织物之间的色彩和把相近颜色的布艺放在一起。如浅色的墙壁、中性色彩的窗帘、提花床上用品和典雅的亚麻地毯组合产生自然和谐之感。

窗 帘

　　窗户常用花边饰布、印花布帘、锦缎、丝绸窗帘、黄铜窗帘钩和绣有花边的纱帘来装饰。窗帘钩和丝带把窗帘集成俏丽的一束，也可以把窗帘系成玫瑰花的形状。

家 具 配 饰

　　房间里各个角落都会找到布艺的影子：舒适的沙发上罩一块佩兹利花呢或素色沙发套，靠垫不必强求一致——方格布、带花边的印花布、针绣花边可以共同为房间营造出一种温馨的乡村风格。

床 上 用 品

　　采用碎花的床罩、床上饰品，借助绿植之力，可以让身心都得到彻底的放松，像清晨的阳光，温暖着整个房间，让人尽享安闲舒适的时光。

3. 灯具

恰当的灯光会为室内增色不少，可以采用黄铜吊灯、老式壁灯、维多利亚风格的吸顶灯或是具有怀旧情调的银底座台灯。

半 罩 灯

　　遮住一半光源的灯罩有丝质褶边的、彩色玻璃的或者阻燃亚麻布的，光源常用仿油灯和蜡烛式的白炽灯、荧光灯等。

枝 形 吊 灯

　　铁艺、黄铜、不锈钢和水晶制的枝形吊灯充满柔和和浪漫的灯光，是该风格的经典灯具。

4. 工艺品

作为重要的软装饰品，工艺品体现着乡村风格精致的细节。装饰性的版画、风景画、镶银饰品、老式烛台、精美的瓷器、带花边的桌布，无不散发出浓郁的乡村韵味。一面简单的木框镜子或是比较豪华的镀金镜子，配上一幅水彩画也是上佳之选。

炊具、餐具

　　随意悬挂的明亮炊具、笨拙的粗瓷餐具配合不拘一格的橡木餐桌与铁艺椅,提供了完美的农舍厨房的情景。

瓷器、手编篮子

　　漂亮的东方瓷器表明了欧洲人对中国艺术品的喜爱,中国的青花瓷与欧洲传统的手绘花盘摆放在一起相映成趣。此外,手编篮子、透气的小垫布、罐子、插满鲜花的花瓶或盆栽都给人一种宁静安详的感觉。

书籍、宝匣

　　小巧的书柜与写字台上摆满经常翻阅的书籍,摆放珠宝或精细工艺品的宝匣投射出一种浓浓的怀旧情愫。

6.1 背景研究

6.1.1 地理位置

地中海位于亚、非、欧三大洲的交界处,拉丁语为 Mare Mediterraneum,意为陆地中间的海。它西经直布罗陀海峡直抵大西洋,东北面通过达达尼尔海峡、马尔马拉海和博斯普鲁斯海峡与黑海相连,东南经苏伊士运河出红海通往印度洋。除了马耳他和塞浦路斯两个岛国以及其他一些岛屿外,地中海被三大洲陆地包围,漫长的海岸线排布着许多充满神奇魅力的国家。

6.1.2 气候特点

地中海的气候冬季受西风带控制,锋面气旋活动频繁,气候温和。夏季在副热带高压控制下,气流下沉,气候炎热干燥,云量稀少,阳光充足。这种气候特点使地中海沿岸的建筑空间开敞、舒缓,多通过空间设计上的连续拱门、马蹄形窗等来体现空间的通透,用栈桥状露台、开放式房间功能分区体现开放性,通过一系列开放性和通透性的装饰语言来表达地中海装修风格的自由精神内涵。

6.1.3 历史渊源

地中海是西方古文明的发源地之一，西方的宗教、哲学、科学和艺术都起源于此。它的东海岸是犹太教、基督教以及伊斯兰教的发源地，孕育了一个个伟大民族。希腊文明的传播、罗马帝国的崛起、奥斯曼土耳其的征战、东正教与天主教的对抗、文艺复兴的挣扎……整个欧洲的奋斗和抗争史也浓缩凝聚于此。

地中海人的生活充满了历史上各种文化的色彩，长久的贸易、移民和侵略史改变了这里，使它成为各种民族、各种文化的大熔炉。人们常常能在地中海的民居中看到小亚细亚的建筑特色或是非洲地域的装饰。

6.2 设计理念与风格特色

特有的地域气候和历史积淀形成的风土人情，使得这个区域在9—11世纪形成了一种带有极其鲜明地方色彩的建筑装饰风格——地中海风格。地中海风格崇尚自然、自由、浪漫、休闲，成为最富有人文精神和艺术气质的装修风格之一。

1. 自然线条的运用

地中海沿岸的居民对大海怀有深深的眷恋，表现海水柔美而跌宕起伏的浪线在家居中是十分重要的设计元素。无论是房屋或家具的线条都不是直来直去的，浑圆穹顶，随处可见的拱券式和半拱券式的拱廊、门洞和壁龛，都有一定的弧度，显得特别自然随意。

地中海风格省去繁复的雕琢和装饰，线条简单且修边浑圆，让人感觉格外返璞归真、与众不同，这与世代居住在地中海人民所崇尚的休闲自由的生活方式是一致的。

2. 色彩的组合与碰撞

 **金 黄 与 蓝 紫**

　　地中海南部海岸线上传统的农舍风格粗犷，建筑多为当地色彩斑斓的石头或粉饰灰泥所砌筑，加上金色沙滩，金黄色向日葵花田和蓝紫色薰衣草田，形成了金黄和蓝紫搭配这种特定的色彩组合，自然淳朴。

 **土 黄 与 红 褐**

　　在摩洛哥、突尼斯及其他北非地中海国家，不同颜色和质地的泥土被用作建筑材料。因此，形成了特有的沙漠景观颜色组合：赭石色、棕土色、赤土色和土黄色，带来一种大地般的辽阔感觉。

蓝 与 白

　　希腊的白色村庄、蓝色穹顶和沙滩、碧海、蓝天连成一片，加上混着白沙、贝壳、拼贴蓝色玻璃马赛克的白灰泥墙，小鹅卵石地面，甚至门框、窗户、椅面也是蓝与白的配色。在地中海充足的光照下，蓝与白不同程度的对比与组合发挥到了极致，简单却鲜明，是最典型的地中海风格颜色搭配。

　　由于地中海地区充足的光照，这三种典型的地中海颜色搭配，饱和度都很高，体现出色彩绚烂的一面。

3. 独特的空间造型

为阻挡耀眼的强光和夏日的热浪，地中海建筑的墙壁都很厚实，门窗则相对狭小。因此，地中海建筑多以庭院为中心，多个院落以拱廊和栈桥式露台相连，形成众多廊道、穿堂、过道，一方面能增加海景欣赏点，另一方面可利用风道的原理增加对流，形成穿堂风达到降温的目的。

长长的廊道延伸至尽头，半圆形的拱券多个连接或垂直交接形成的过道，墙面通过穿凿或半穿凿形成镂空的景致，人在其间走动时能够感受到一种延伸的透视感。

4. 多元的装饰元素

地中海周边国家众多，民风各异，使得地中海建筑带有明显的多民族多元文化相互交融的特征。

地中海风格中包括了圆形穹顶、马蹄形拱门、蔓叶装饰纹样和错综复杂的瓷砖镶嵌工艺这些明显带有波斯色彩的元素，也包括了沿袭自古罗马技术及拜占庭传统的半圆拱券和壁龛。

地中海风格并不是一种单纯的风格，而是融合了这一区域特殊的地理因素、自然环境因素与各民族不同文化因素后形成的一种混搭风格。地中海风格重在保持简单、崇尚自然的意念，捕捉光线、取材大自然，大胆而自由地运用色彩和特定的风格样式。

6.3 常用元素及设计手法

6.3.1 墙面及护饰面

1. 墙面与隔断

地中海民居受到古罗马与奥斯曼土耳其的影响，十分喜爱在墙面上开半圆形或马蹄形的拱门窗。墙面粉饰多采用灰泥或灰泥拉毛，即使是白墙的不经意涂抹也会形成一种不规则的韵味肌理，白色的拉毛粉饰面体现出一种原始、古朴的美。

下面将从壁画、壁龛、隔断、拱券、瓷砖、壁炉等方面列举地中海风格墙面与隔断的特点。

为了四季风穿堂而过，隔墙多采用空透性较强的矮墙、半墙或是墙面通过穿凿或半穿凿形成镂空的景致，似隔非隔，带来极其丰富的空间造型和视觉延伸感。拱券式的门洞，配有栏杆或是富有当地特色的矮门又或是柔美帷幔都可以作为隔断。

为了将酷暑挡在屋外而建筑的厚重墙壁成了室内壁龛的绝佳载体。壁龛一般采用与墙面相同材料的白色灰泥粉刷，保留粗糙石壁的凹凸肌理。现代装饰设计中多借鉴壁龛，在墙面保留置物功能同时制造出景深。

自古罗马开始，壁画就成为居民富有与奢华的象征。壁画延伸了墙面的空间，赋予空间无限的想象。

室外拱廊

　　由拱券和柱子构成的拱廊空间有意地模糊了室内和室外的分界线，这种设计在地中海风格的庭院设计中极其常见。

拱券

　　沿袭古罗马的技术及拜占庭的传统，半圆拱券在当地随处可见。它可以作为门洞、壁龛或者由柱子连接在一起成为拱廊。

室内券廊

　　室内圆形拱门及券廊通常采用数个连接或垂直交接的方式，在走动观赏中，出现延伸般的透视感。

壁 炉

传统的壁炉会放置在客厅和厨房里。外形浑圆，没有棱角，以白色灰泥饰面。壁炉内部由红砖砌筑，有时炉口围以铸铁护栏。壁炉上方做出水平面放置工艺品、相架或餐具。

瓷 砖

拜占庭的陶瓷技术沿用至今，地中海每个地方似乎都有使用瓷砖及其组合设计的传统。其中马赛克镶嵌、拼贴在地中海风格中是较为华丽的装饰。马赛克的材料除了主要的小石子、砖、贝类、玻璃片、玻璃珠等素材外，也可经切割后再进行创意组合。

蓝白瓷砖

蓝白组合也是地中海风格中最常见的颜色组合。上图在蓝白瓷砖中加入了黑色元素，使得蓝白组合更加耀眼，配上绿植和带有绿植花纹的靠垫，高度还原了地中海风格。

2.门窗

地中海民居门窗为木质框架，粗糙的百叶窗和房门由坚固厚实的木头制成，用来阻挡灼热的阳光。常用的色彩有蓝色、灰蓝色、灰绿色、褐色或者因刷了桐油而变深的原木色。下面将展示几种门窗的常用样式。

方窗

方形的门窗简单、易于建造，框架与窗扇都采用平直线条。古希腊岛上居民住宅的房门和百叶窗常被漆成天蓝色。

花窗

地中海北岸的花窗基本上采用简单的正方菱形，其东岸及贴近地中海的北非区域由于受到摩尔人的影响也会使用伊斯兰风格繁复的几何花卉花窗。

圆拱窗

地中海风格的建筑中同时出现方窗与圆拱窗并不是什么稀罕事，这种构图形式对于后来的意大利文艺复兴与法国古典主义都有着深远的影响。

伊斯兰样式窗

受到伊斯兰教的影响，在地中海区域的许多豪宅里可以见到马蹄券、火焰券、弓形券、三叶形券、复叶形券和钟乳形券等。

圆拱门

欧洲内陆的豪宅必备圆拱门以及拱顶上的拱心石。如此华丽的大门只有在邻近海岸线的城堡中才能见到。

百叶窗

百叶窗在日照较强的地域十分流行，因为它既能阻挡阳光又可以不影响海风的吹入。为了得到沁人心脾的清凉感觉，白天百叶窗通常是关闭的，很多民居因为安装有百叶窗而不再悬挂窗帘。

木 板 门

比起精致的圆拱门，乡村民居的木板门则显得厚重、结实，带有迷人的笨拙味道。由于就地取材方便，一扇门板往往由一根完整的树干制成。

遮 阳 板

地中海地区夏季日照时间特别长，通常都会在窗户外面装上遮阳板来保证日落前的睡眠时间，密实百叶或是折板都很常用。

门 套 线

与欧洲内陆豪宅采用隅石保护墙面的做法不同，地中海居民仅仅用不同的色彩涂刷来制作门套线与踢脚线。如果这些部位受到损伤，经过修补后只要重新粉刷线条，而无须担心新饰面与原墙面涂料的色差。

6.3.2 地面及楼梯

1. 地面

　　早期的地砖都是在陶瓷手工作坊中制造的，一般采用一次烧结的工艺。由于原材料为当地的赤陶土，因此色泽以橙色、褐色居多。为了丰富地面效果，花砖受到青睐，常常在主要的居住空间，例如客厅或餐厅使用花砖拼砌成围边，或与地砖组成几何图案。

仿古砖

　　仿古砖与花砖的组合使地面既华丽又古朴。拼贴时采用直拼与斜拼的不同方法也能构成丰富的地面效果。

地毯

　　从普罗旺斯到摩洛哥，地中海沿岸的居民都是编织的好手。这里民间的手工地毯简洁、雅致，色彩丰富、图案缤纷，以棉质和亚麻居多。另外华丽的波斯地毯常可在富有的家庭中看到，使居室带有一点伊斯兰风格的奢华。

赤陶砖

　　赤陶砖最大的特点是透气，较大的气孔使地面仿佛皮肤一样在呼吸。赤陶砖表面防滑不易积水，是地中海常用的地面材料。

黑白棋盘格

　　使用釉面砖拼贴的黑白棋盘格受到地中海巴尔干半岛居民的广泛喜爱，带有浓厚的地方风俗特色。

2. 楼梯与台阶

楼梯与台阶往往与地面采用相同的材料而成为地面自然的垂直延续。

 楼梯

朴实的地中海民居并没有受到"炫耀"楼梯造型的巴洛克"恶习"的侵染，这里的楼梯仅仅是为了使用，一般会节约地放置在空间的角落，踏步板与踢步垂直面采用厚木板或瓷砖。栏杆有时采用矮墙，有时采用铁艺。

 台阶

与墙面材料相同的踢步垂直面十分纯净，但容易弄脏。更实用的方法是采用地砖或花砖拼贴。

3. 栏杆

栏杆通常采用铁艺或木质，简单的栏杆还可以直接采用矮墙的形式，比较讲究的宅邸则由大理石雕刻而成。

不同的栏杆形式还受到所在的位置与用途的影响。矮墙适宜作为露台或较长距离的栏杆；石雕栏杆多用在与外墙平齐的内阳台或廊上阳台；木质栏杆由于轻巧且易于加工，常用于悬挑的阳台。铁艺栏杆则可以用在以上各种情况中。

直棂木栏杆

这种木栏杆在希腊地中海地区较常见。

菱形木栏杆

简单正菱形木栏杆，配合相应的圆形墙饰、菱形墙面拼花，以及充满异域风情的门洞，充满了浓郁的地方特色。

铁艺栏杆

铁艺栏杆分为铸造与锻造两种，采用油漆罩面，以黑色居多。

矮墙栏板

最简朴也是最独特的一种栏板形式。这种充当栏杆的矮墙与建筑浑然一体，成为建筑中不可缺少、有机的一部分。

室外栏杆

栏杆或是栏板都可以用于室内或是室外，用于室外的铁艺或木质栏杆，需要考虑保护涂层的性能，提高栏杆的耐候性。

石雕栏杆

在巴尔干半岛及爱琴海地区，雕塑艺术十分发达。石雕的宝瓶状栏杆往往不会单独使用，为了使整体建筑风格统一和谐，花园中常常还会放置用石材雕刻的精美塑像、花盆，墙面上有时甚至会有怪面饰。

6.3.3 顶面

地中海民居的屋顶建造方式有两大类：拱顶类与平顶类。拱顶类多由砖和混凝土建造，而平顶类一般采用木屋架上覆顶瓦的方式。由于当地火山活动频繁，因此使用火山灰制成的天然混凝土来建造拱顶有上千年的历史。不同的屋顶结构造就了室内顶面的不同样式。

拱顶

最常见的拱顶是由两个平面为长方形的圆拱十字交叉而成的十字拱，许多十字拱又可以组合成较大的开敞空间。这种顶面不需要特殊装饰，拱顶之下的空间丰富、多变，带有浓厚的意大利色彩，常为会所、俱乐部类公共空间所采用，营造出舒适、安逸的空间氛围。

坡顶

坡顶是一种特殊的平顶，但比起平顶，坡顶更具力度感，空间也更加高耸。木梁可以漆成较深的木色，还可以漆成白色或蓝色。

平顶

平顶可以清晰地显示出主梁与次梁的关系。根据受力的特点，梁的截面设计成矩形，数根梁的组合与穿插形成富有结构美的韵律。

6.3.4 庭院与绿植

1. 庭院

地中海建筑以庭院为中心，常常有多个院落以拱廊相连。在地中海风格的庭院中，室内和室外的分界线被有意地模糊了，当地居民喜欢露天就餐的悠闲和纯朴的生活方式都反映在总体的庭院中。

户外长凳

雨季过去后，地中海居民的主要活动空间就移到了户外，他们将在庭院与门廊中消磨一年中的大部分时光。当地人十分重视室外餐桌椅的设计，它们既要造型优美，又要经得住风吹日晒。

露台

雪白的墙壁、陶罐中摇曳生姿的深红色天竺葵、油橄榄树、铺满鹅卵石的地面组成了地中海最常见的露台。

2.绿植

地中海地区的居民十分注重户外绿化，而房间里小巧可爱的绿色盆栽也必不可少，但他们最喜爱的还是被称为户外起居室的花园。常用的花园绿植有：仙客来、风信子、矢车菊、香豌豆、非洲菊、唐菖蒲、橄榄树、椰枣树等。此外，爬藤类植物也是常见的居家植物，九重葛这种喜爱阳光的植物也颇受青睐。

垂 直 绿 化

垂直绿化要因地而异，例如常在大门口处搭设棚架，再种植攀缘植物；绿篱、花篱或篱架上攀附各种植物来代替围墙。阳台和窗台上可以摆花或栽植攀缘植物来绿化遮荫。墙面可用攀缘蔓生植物来覆盖。

陶 罐 与 鲜 花

另一件从古希腊时期就十分流行的物品是陶器。陶器与橄榄油成为当时希腊的主要出口产品。作为装饰的陶罐可以用来盛放鲜花植物，也可以单独放置在庭院、墙头与室内。较小的陶罐还可以组合起来成为一道连续的景观。

6.3.5 装饰元素

1. 布艺与织物

在室内，窗帘、桌巾、沙发套、灯罩等均以棉织品为主。腓尼基人以织染技术闻名，并把它传播到整个地中海。当地至今仍流传着古老的印染民谣：若染深红与橘请采摘茜草；若染青色请找石榴无花果；若染红色与褐色茶叶指甲花少不了……

用印有精美刺绘图案的摩洛哥和北非饰布以及土耳其平面编织的饰布制成壁挂、靠垫、床罩或沙发罩十分流行。下面展示这一地区棉布织物、纱帘和多彩靠垫的风采。

纱帘

　　窗子和窗幔一般不采用过于厚实的布料，也不会用装饰物过分装饰，而轻薄窗纱可以确保良好的通风与舒爽的睡眠。

多彩靠垫

　　充满活力的色彩遍布摩洛哥。墙体的颜色五彩缤纷，配以家具与装饰、布艺的色彩创造出热情奔放的情绪。

2. 灯具与光影

　　灯具往往是室内设计中最为华丽的部分——因为它的精致，因为它的光。地中海风格中灯具一般也多采用铁艺灯饰，配以部分彩色玻璃。有的还会模仿古时候烛台的形式。

仿古灯

　　令人充满遐想的巨大铁艺灯架上是一圈模仿蜡烛的灯罩，是否是时光隧道将我们带回到远古的石头城堡中了呢？

彩色玻璃灯

以威尼斯为中心传播开的玻璃制品做工精良、色彩艳丽，每一只灯具都堪称艺术品。

炫动的光

没了光，灯具便失去了灵魂。从镂空的铁艺或从彩色玻璃中透出的光影在墙面上、家具上、身处其中的人身上投下千变万化的图案。

3. 装饰细节

一个原汁原味的地道设计还需要处理无处不在的细节：黄铜制的面包托盘、陶器、铜锅、古老的木制和银制糖锤、银壶、茶叶盒组成的茶具……

地中海元素

以色列美容品牌 Maaplim 以希腊屋顶花园为其专卖店设计元素：拱形角落，白色鹅卵石和地中海草本植物将地中海花园搬入了繁华的纽约大都市。其中这款洗脸盆配的是传统水壶，而不是水龙头，这样顾客就可以享受"希腊浴颂"式洗手了。

金属装饰

金属饰品常装点于锡制灯具、黄铜的珠宝盒以及玲珑的小桌上。

元素摆件

透明的玻璃瓶中可以插入绿植，也可以装入白色的砾石、小贝壳，呼应地中海的蓝色海洋主题。

花果盘

采用花果盘作为装饰的历史可以追溯至古希腊。水果色彩各异、造型奇特，配以精致的器皿，既有食用功能，还可以使居室充满自然的气息。

7.1 风格解析

7.1.1 背景研究

地理位置

北欧指北极圈附近的三个斯堪的纳维亚王国——挪威、瑞典和丹麦以及两个共和国——芬兰和冰岛。北欧西临大西洋，东连东欧，北抵北冰洋，南望中欧，总面积130多万平方千米。在这么遥远的北方出现众所周知的文明社会，乃是大西洋中的墨西哥暖流沿着挪威西海岸流动的功劳，它使整个斯堪的纳维亚的气候变暖，包括其最北边也能居住人，而同一纬度的其他地方，如阿拉斯加或者西伯利亚，几乎都不能居住。

气候特点

北欧的绝大部分属于亚寒带大陆性气候，冬季漫长，气温较低，夏季短促凉爽。冰岛等地属极地苔原气候，丹麦西部属温带海洋性气候。

北欧地区由于地处北极圈附近，气候非常寒冷，有些地方还会出现长达半年之久的"极夜"现象。因此，北欧人更愿意花时间在户内与家人或朋友交流，他们喜欢通过色彩在室内营造一种舒适温馨的气氛，带给人们一种舒适和放松的心情。而且由于白天短暂，他们特别喜欢在晚上使用蜡烛来营造舒适浪漫的气氛。

历史渊源

北欧离欧洲中心国家较远，受自然气候条件的制约，历史上北欧的设计很少受到关注，直到 19 世纪末，北欧设计受到英国工艺美术运动和新艺术运动的影响，才逐渐参与到各种设计运动中。

20 世纪早期，北欧设计师们开始努力寻求与 20 世纪相适应的新方向，逐步形成了具有特色的风格特征，即将现代主义设计思想与传统设计文化相结合，在设计中既注重产品的实用功能，又强调人文因素，并避免过分的形式和装饰因素，尊重自然材料，产生出一种富有人情味的现代设计美学。

20 世纪中期北欧经济的迅速发展，使得北欧拥有高福利的社会制度，但北欧人依然很重视产品的实用性，简单自然的审美观仍旧传承了下来。这使得北欧设计产品，即使是在工业时代下仍保留着人文关怀要素。

20 世纪 90 年代以后，更多的北欧设计师用新功能主义的手法给北欧风格增加了极具设计感的科幻和未来的色彩，他们深刻地影响着之后的极简主义、简约主义和后现代主义。

7.1.2 风格概念

北欧风格是"简洁、功能化且贴近自然"的代名词。北欧设计师们一直致力于将传统手工艺与机械化生产结合起来,传统发扬和时尚创新被运用得淋漓尽致。在注重功能和理性的同时,北欧风格也顺应着北欧人崇尚自然的生活理念。"尽量长时间地使用"是北欧人所信奉的生活信条,"简洁、实用、环保"的理念渗透在北欧人生活的方方面面。以北欧家具为代表的北欧风格,倡导了人和自然的和谐共生,让人们从中得到安乐与满足。在北欧室内设计作品中,从大自然中获得灵感的设计随处可见。

北欧风格讲求物料节约,强调设计的功能性,注重品质,擅长用线条、色块来区分或装饰空间,以功能性强、符合人体工程学的简洁家具为主要选择,在很多细节配饰方面也充满设计感和特有的民族文化痕迹。北欧风格是现代主义风格中的一种表现,与其他风格相比,它少了繁杂,多了纯净;少了炫耀,多了自制;少了华丽,多了简洁;少了异想天开,多了实用功能。

7.2 设计理念和风格特色

7.2.1 简洁

北欧风格中"简洁"的发展是有其历史原因的:二战冲击了整个欧洲的经济,材料和能源的匮乏以及消费能力的减弱都刺激着战后工业化生产的快速发展,并催生了标准化生产的模式。而北欧因森林资源丰富,历史上大量采用当地木材制造家具,并且一直致力于手工家具的制作。当欧洲人搬进公寓时,为了便于搬迁并且满足有限的室内空间,他们摒弃掉了很多受罗马或希腊风格影响的繁文缛节,回归人在家居生活方面最本源的需求。北欧风格简洁的设计正好迎合了大众的口味,也满足了城市快速发展的需求。北欧风格的简洁特色无处不在,例如简洁的色彩、简洁的直线和简洁的曲线。

北欧风格大多偏向浅色,如白色、米色、浅木色。整体色调统一,喜爱使用大的色块进行色彩构成设计,并使用色彩鲜艳的纯色作为点缀。室内空间的顶、墙、地六个面,完全不用纹样和图案装饰,只用线条、色块来区分点缀。

简 洁 的 直 线

　　北欧风格多以轻盈感和线条感取胜，摒弃笨重的结构和繁琐的装饰，从家具到墙面装饰品，还有图案设计，直线条表现出北欧风格的简单利落。这样的设计不仅使设计产品看起来更加优雅，也能使视觉感更通透，大大减弱了物品的体积感。

简 洁 的 曲 线

　　瑞典设计师布鲁诺·马松本着对自然造型的关注和对材料的诚实运用，设计出了由榉木层压板和天然纤维编织带组制成的 EVA 休闲椅。北欧风格里优雅弯曲的曲线，不同于洛可可式纯装饰性的曲线，而是用简洁的胶合板曲木造型满足人体功效的需要。

7.2.2 人性化

　　在北欧人的观念中，建筑不是造一栋房子让人住进去，而是依据人的需求建造一栋房子，对于室内设计也一样。在北欧风格中，总是能感受到一切的设计都是以人为本的，无论是功能性、舒适度还是美观，都是围绕着人的一切活动来开展。从按照人体工程学而设计的家具，到室内人们日常活动的流线设计，甚至到如何满足整个家庭的活动需求，处处都体现着北欧人这种人性化的设计思路。这种思路主要表现在对功能流线的斟酌、人体工程学的运用、室内空间与家具的灵活性以及人性化的细节设计。北欧设计在使大众利益得到关注的同时，又特别注重对小众的关怀，如消除残障人士在生活上的不便、关注儿童的使用便利性及他们在环境中所受的影响。

流畅的功能流线

北欧空间平面设计追求流畅感，空间布置宽敞，内外通透，最大限度引入自然光。室内空间的活动流线是体现空间功能划分是否合理、设计是否人性化的标准之一，这也是北欧设计的基本要素。

注重灵活性

北欧是平等自由的民主社会，这决定了北欧人的家居陈列不会像古典主义那样工整和对称，大多是随意自由的，如各种搭配的桌椅、自由组合的画框。这也决定了北欧风格具有灵活多变的特征，通过便捷的更换、不同的搭配效果，表达了北欧人注重设计感的生活品质。

约44 cm

人体工程学

北欧设计的精髓是以人为本，注重人体结构功能、心理、力学等方面与室内环境之间的合理协调关系，以适合人的身心活动要求，取得最佳的使用效果。其目标是安全、健康、高效能和舒适。这种方式突破了以往工艺、技术上的僵化，融进人的主体意识，从而使设计变得更加贴合人的需求。

关注儿童

北欧是儿童的乐园，对孩子的细心呵护是北欧人的基本原则。从丹麦的乐高积木到瑞典的网络沙盘游戏《我的世界》（Minecraft），北欧人对儿童生活的关注度处处体现。随着儿童的不断成长，他们的居住环境也需要不断变化，儿童需要符合他们生理和心理成长需求的家具以及家居环境，包括充满想象力的氛围。

人性化细节

除了造型本身，北欧设计还考虑了家具如何帮助人们实现灵活便利的家居生活，如以叠加的椅子帮助人们在生活中节约空间；可调节高度的桌脚能够帮助人们根据地面来平稳地调节；甚至抽屉和大橱内部的分隔方式也会考虑到人们日常生活中收纳的需求。

7.2.3 诚实的态度

这体现在三个方面：首先，北欧的室内设计关注生活本身，深入分析功能的合理性，摒弃过于花哨和浮华的装饰，回归人们本真的生活状态；其次，家具材质的肌理与构造节点没有刻意地掩藏或修饰，反而让它形成一种形式上的审美；其三，现代板式家具就是起源于北欧，这种使用不同规格的木制层压板材配以五金件连接的家具，可以变幻出千变万化的款式和造型，其设计和制造上的高质量、生产的系列化和价格的合理化一直是北欧设计追求的目标。北欧人所崇尚的"环保"也体现出北欧风格于人、于自然环境的责任感和诚实态度，具体表现在对质量的注重和对材质的合理体现。

注重质量

北欧人崇尚精湛的手工艺，北欧家具一直是现代木制家具的典范。北欧的家具从功能、构造、造型、尺度、材料一直到细部的设计都由专业机构和人员去保证质量，并且配有家具检测中心，专门从事家具材料、手工艺、结构、构造、表面处理的强度和耐久性测试。

7.2.4 自然的灵感

　　北欧人非常注重对自然环境的保护，生活离不开自然，自然环境也回馈他们太多的设计灵感。比如很多北欧纺织品的设计图案，是来自自然界里面的树叶、花朵、动物，抑或是海洋生物。

　　地广人稀的北欧，漫长黑暗的秋冬季节，让在那里居住的人更长时间待在室内，因此充满天分的北欧人学会了如何利用不同的灯光来体现美妙温馨的室内气氛：灯光设计气氛营造和功能照明结合起来，一改过去人们只用单一照明的方式，尤其在家里增添一些漂亮的蜡烛，可以在夜晚呈现出更加浪漫的气氛和温暖优雅的格调。自然的灵感具体表现在自然图案与材料的运用上。

灯具设计

类似蒲公英的吊灯，还有植物图案的灯罩等，都是来自自然的灵感。灯具的材料除了通常用的玻璃、金属、塑料等外，还会运用环保的纸质材料，透光又易于塑形。

自然材质

在选用天然材料的同时，还应十分注意充分利用材料的自然属性，如材料的质感、肌理、色彩以及不同的编结组合方式等，以达到丰富细部处理的目的。织物的面料，运用比较多的是棉织物或者亚麻，织物可以是平织纹理，比如白色条纹和方格；还有那些利用了花卉的设计，通常衬托白色的背景来重复图案的效果。家具有时会保留木头本身的质感，使用各种颜色的半透明手扫漆，能够让人看到木纹的结疤和纹理效果。

7.2.5 崇尚传统

虽然很多北欧装饰品或者家具富有现代感的外形，但实际上大部分设计的灵感都是来自传统生活。北欧风格的设计对于传统的民族特点和风格的认识，并不是激进地把现代和传统两者对立起来，而是保留一些传统的造型元素，再利用现代的材料和技术，舍弃繁复的细节，在使人们感到亲切而去接受的同时，又赋予时代的创新感，把传统和现代完美地统一起来。无论是传统的造型、传统的图案、传统的灵感、传统的色彩，还是传统艺术陈设、手工陈设，都会在设计中予以表达，甚至十分推崇传统的手工制品。

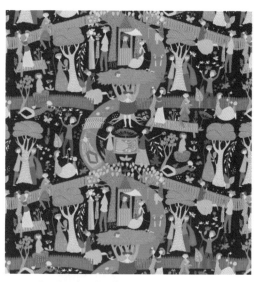

传统的图案

这是来自斯蒂格·林德伯格50年代的设计，取材于自然和民间生活的主题，表现出浓郁的北欧民族风；北欧设计有很多图案都是来自传统的灵感。

传统的造型

从一把椅子，可以看到北欧家具从传统到现代演变的一些特点：首先，椅子经历了多年使用与审美考验，大致的形体轮廓被保留下来，材质和工艺可以使用现代的手法；二是繁琐的装饰要酌情去掉，比如坐凳部分演变成直线条，同时椅脚保持了北欧家具经典的铅笔形；三是形式需要创新，比如椅背部分的支撑，又衍生了更多的形式，这些形式活泼多样，符合更多现代人的品味。

传统的灵感

一款老式的钟可能笨重而线条繁琐，到了现代北欧的设计中，它的线条变得轻盈，材质也轻了很多，但从整个轮廓上还是能看到传统文化的影响。

手工制品

手工艺这种在现代工业社会被看作是"活标本"的传统技术，仍然在北欧设计中备受推崇。这种人本主义的态度也获得了全世界的普遍认可。北欧人热爱艺术，热爱手工艺，手工装饰毯、手工陶艺品，甚至木雕都体现了设计中的人情味。

传统艺术陈设

北欧人十分重视室内的传统艺术陈设，艺术陈设品在室内空间的艺术气息创造中至关重要。传统上从绘画、雕塑或工艺品、收藏品的品质、档次及风格中可以明显地看出主人的品位。

传统的色彩

斯堪的纳维亚的传统颜色从明亮的白色、米色，到浅蓝和自然光木色调至今仍然被沿用；而那些来自农舍、教堂或宫殿等古老空间中的栗色、海蓝、蓝灰、深红、玫瑰红、芥子酱绿等色彩逐渐演变成家居装饰中的某一个色块，与现代常用的淡色木材、金属、玻璃组合在一起，配合织物和装饰品，组成新的家居时尚色彩组合。

功能陈设

从日常生活的需求中寻找陈设的必要性，来满足功能和美观的统一，这是北欧陈设一贯的传统。正是这种既创新又怀旧的特点符合了当今人们崇尚自然、平易简洁的生活概念，使得北欧室内风格和家具设计的样式受到世界的瞩目。

7.2.6 经得起时间考验

经典的设计就是经得起时间考验的作品。经典的设计与精巧的技艺和北欧的创新精神一脉相承。北欧家具崇尚独创精神，新设计、新思路层出不穷。这些独创，往往不仅限于造型本身，更多的是由新材料应用和新思维观念带来的灵感，引领室内设计的潮流。

北欧设计也代表了一种生活文化，这种生活文化象征着舒适享受的人本主义生活，象征着了解自己需求和品位的人群的生活，而这样的设计会跟随时代的思潮而不断变化。为了达到不过时的效果，及时使用新材料与新技术是必不可少的。

新材料、新技术

20 世纪 50 年代以来，北欧家具开始使用新型材料，比如镀铬钢管、ABS、玻璃纤维等人工材料。以芬兰的约里奥·库卡波罗为代表的现代设计师开创了广泛使用钢、胶合板以及合成塑料等新型现代设计的先河，并引导北欧的室内设计和家具设计走向一个新的方向。

7.3 常用元素及设计手法

北欧的室内设计风格大致分为三类，为了便于创造各种典型北欧风格的室内环境，可以运用以下的设计手法。

7.3.1 北欧清新现代风格

柔和的色彩，还有源于自然灵感的有机模式，是这种风格的典型表达。清新优雅的家居气氛，明亮的光线环境，柔和自然的织物色彩搭配，为我们吹来了一阵北欧的清新现代风。

1. 色彩

想要营造一个北欧清新现代风格的室内空间，首先色调上要比较和谐，没有过多鲜艳的纯色；白色、米色、浅木色等都是不错的选择。如果选择自然的材质，则一般以木、藤、柔软质朴的纱麻布品等为主。材料的质感与不同的色块之间要可以兼容，比例得当，既要强调淡雅清爽的自然材质美，又要注重线条流畅、不饰雕琢。色彩常用白色、和谐色以及色彩之间和谐的组合等。

白色

白色与北欧人们的生活习性契合，夏季出现极昼，冬季日照时间短，阳光非常宝贵，而纯白色调能够最大程度地反射光线，将有限的光源充分利用起来。白色能够和其他任何浅色系一起使用。使用时注意以下几点：一要注意光线的设计，以营造出细腻而有诗意的光影关系；二要注意质感的变化，以丰富白色的内涵；三要注意不同的白色系之间的组合与搭配。

和 谐 色

在清新现代风格里面常使用纯度较低，并且容易搭配其他色系的和谐色，比如灰、浅蓝、浅绿或者咖啡色等。通过这一系列颜色的深浅搭配，可以营造柔和的色彩关系，让空间摆脱喧闹和琐碎的繁杂感，获得放松、沉思、宁静和清新的室内氛围；而色彩设计的成功与否取决于空间中各种色调的位置、比例及明暗关系。

和 谐 的 组 合

通常我们会选择浅色调作为大面积墙面的主色调，然后用同一色系深浅不同的次色调作为亮色，用在某一面墙上或家具、织物上面，比如沙发、窗帘等，使整体颜色富有层次和连接性。布艺的色彩搭配和点缀是不可或缺的，要注意主次色调的比例关系。

实 用 技 巧

乳胶漆和壁纸都是常用的墙面材料。乳胶漆具有很强的灵活性，而壁纸作为墙面装饰更能体现质感，可以选择一些北欧设计的品牌壁纸。以浅色底为主的自然图案或几何图案，非常地道的北欧平面设计或许只要装饰一面墙，就会体现出浓郁的北欧风情和设计感。而浅色的木地板，或者是浅色的石材地面，都可以作为清新风格的基本地面色调。

2.家具

除了传统带有柔和色彩的桦木、枫木、松木等典型的北欧家具外，黑色和白色混水漆家具也是北欧人钟爱的家具。除了偏爱木材以外，皮革、藤、棉布织物等天然材料也在北欧家具中占有一席之地。

在确定北欧清新现代风格的整体色调以后，我们可以根据喜好设计一些家具的混搭。比如选择少量带有金属腿的新型材料的北欧家具，可以给北欧风格增加更多的现代感；而喜爱传统的人则可以选择一些传统元素的北欧家具点缀一下室内空间，增添一点怀旧的情绪。设计家具时要注意材质的搭配，壁炉的形式，灯具、装饰品与纺织品的选用，甚至画框组合也大有文章。

 装饰品

北欧清新现代风格的装饰品设计多以简洁流畅的造型、冷酷的材质、反差强烈的色彩为主，例如抽象的装饰画、抽象几何造型的雕塑以及带有强烈机械痕迹的装饰品。

材质搭配

一个空间里面的家具可以搭配不相同的材质，比如松木、黑色和白色的木质家具和布艺家具在一起。这些不同材质的家具在整体白色的主色调下能够和谐统一。不同材质的椅子将家庭的氛围渲染开，而布艺家具也使空间显得不那么生硬，带来一些柔软的温馨感。应注意清新现代风格里各种家具的颜色占比不要均分，要以浅色材质的颜色作为主导。

 灯 具

　　昼短夜长的北欧需要长时间开灯，而环保质朴的生活方式使北欧人不会用一个大灯来点亮整个房间。北欧设计中致力于用重点照明和氛围照明来烘托室内灯光效果，吊灯、落地灯、射灯、台灯等不同形象、质感的光源，在不同空间中穿插使用。灯具的设计上也沿袭了北欧设计中造型简洁、线条分明、几何感强烈的特征。

 纺 织 品

　　清新现代风格的北欧纺织品材质多为棉麻制品，运用范围从窗帘、沙发套、地毯、靠垫到床上用品等。除了浅色调的单色布料外，常常还会有一些自然主题的搭配，颜色柔和，带给人平静舒缓的心情，也易于随着季节更换带来不同感受。

 壁 炉

　　北欧现代风格里依然可以把壁炉作为装饰元素，但造型方面简洁了很多；而壁炉的上方空间也可以作为装饰品的陈列平台。

 画 框

　　在大片的空白墙面上，用画框组合来装饰，可以彰显主人的品位，也给室内空间带来活力和节奏感。

7.3.2 北欧彩色现代风格

在北欧明亮柔和的居室环境里，会有几抹跳跃和浓重的色彩，就如同一首乐曲里面的快板，使整个室内更加活泼和富有朝气。如果说清新现代风格是一杯菊花茶，那么彩色现代风格就是一杯热腾腾的红茶或咖啡，能够振奋人的情绪。

1. 色彩

北欧彩色现代风格和清新现代风格相比，除了同样会使用一些浅色调的木制家具以外，最大的不同在于：彩色风格还会有一些对比强烈的颜色穿插在整个室内空间中，打破色彩的宁静，表达出一种奔放热情的色彩情绪，比如红色、黑色、橘色或者蓝色。

想要将千变万化的色彩组合在一起而不显得凌乱，主要应该运用色彩构成的手法。通过色相对比、明度对比、纯度对比、色彩面积与位置的对比、肌理对比及连续对比等方法体现空间的个性与特征。

黑色主色调

黑色在这里作为主色调，它和浅木色的家具以及白色的地面形成强烈的对比。明与暗的对比，刚与柔的对比，更加衬托出家具的质感和造型，使得整个空间更富于设计感。这样的色彩对比更常用于开阔的大空间内，比如展览空间，或者层高比较高的室内。这是彩色现代风格的一个延伸用法。

黑色协调色

黑色在这里不作为主色调，但它能够很好地平衡协调各种鲜艳的颜色，在冲突中间制造平衡。使用黑色时可以比较灵活，比如用在墙面、灯具或纺织品图案上。可以使用少量黑色家具，但黑色不能取代主要的浅木色北欧家具的比例。

彩色现代风格里的家具除了选择浅木色外，还有白色、红色和黑色都可以混搭。而当家具和地面都希望保持浅色调的时候，也可以在墙面上使用鲜艳的大色块来活跃室内气氛。

2. 图案

彩色现代风格需要加入生动活泼的彩色图案作为整体室内空间的一部分。色彩缤纷的织物给室内设计带来新的生机，使得我们对北欧的纺织品图案有色彩鲜明的印象。

自 然 主 题

对北欧风格，自然主题是不变的元素。只不过这些主题同时被赋予了大胆奔放的色彩，如浓重的窗帘、地毯、自然花纹不相同的沙发靠垫等。

几 何 感 的 图 案

除了具象图案外，北欧人还非常喜欢带有强烈色彩对比的几何图案，比如各种颜色的竖条纹、椭圆或圆的组合、对称的弧线、方形、曲线、网格等。几何感的图案能带来强烈的视觉冲击，比具象的图案更加时尚。

3. 装饰

　　彩色现代风格的装饰在色彩和图案方面比清新现代风格更加的强烈和丰富，而造型、材质和手法比较相似。一般运用立体构成法形成装饰画与趣味的装饰细节。

装饰画

　　巨幅的装饰画适合较高的层高，会在整个空间内形成一个集中的视觉亮点，并且装饰画中的大色块也会活跃整个室内的色彩。

立体构成法

　　除了抽象的平面装饰外，物体造型也追求几何感的图案效果。比如灯具的设计常常是以一个几何体块为原型进行设计，或将许多几何体块通过立体构成的方式穿插、组合变成灯罩或灯座。这几块镜子既满足了功能需要，又具有简约的立体构成之美。

趣味细节

　　手绘和贴纸都可以作为墙面装饰。以北欧的植物或者动物为图案，增加自然元素，更加有装饰的趣味性。

7.3.3 北欧自然古朴风格

北欧自然古朴风格总体上体现了乡村自然而耐用的古朴感，既带有手工艺的痕迹，同时也有浓重的色彩点缀，还能够看到北欧传统图案的传承。北欧的地理位置极为特殊，有着长久的冬季，气候反差大，但是森林茂密、水域辽阔的自然环境又为他们提供了丰富的资源。所以北欧的设计师们不仅从优美的大自然中汲取灵感，而且懂得如何有效地利用这种天赋的资源。

1. 材质

自然古朴风格家具常用到的材质有松木、白蜡木、沼泽橡木等，有时还会用到未经处理的木材。这些木材最大限度地保留了原始木纹的质感，有很独特的装饰效果。除此之外，常用的装饰材料还有石材、藤编、铁皮、粗棉麻织物等，来自自然灵感的质朴浓重的织物图案也是它的特点。设计的时候也十分注重就地取材、搭配技巧以及结构材质的运用。

搭配技巧

黑色木质是古朴风格里不可或缺的元素，同时还有松木家具的结疤木质也会带来质朴的感觉。古朴风格可以是清新自然的，也可以是浓重彩色的，主要取决于织物的色彩和图案的搭配。

就地取材

北欧很多人生活在美丽的自然环境中，他们的窗外就是树木和草地，这决定了一部分人喜欢将自己的室内布置出亲近自然、返璞归真的氛围。

材质裸露

未经处理的红砖墙，或者原木的吊顶等，都体现了空间的质朴感觉，也可以成为制造古朴风格的一些手法。它们既不盲目跟随功能主义的机械样式，一味拿钢或玻璃等冰冷而看似具有现代意识的材料组合，又不受传统手工的束缚，而以流畅的曲线、亲切的材料、纯朴的风格赢得人们的赞许。

2. 装饰

自然古朴风格的陈设与装饰要力求纯朴与自然。可以选用陶艺的蜡烛台、传统手工图案的纺织品、带有民间传说的小工艺品、粗藤的制品、带有北欧风景的图片等。

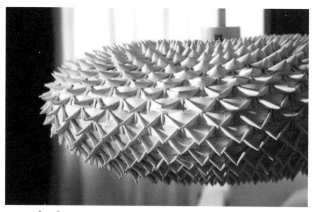

灯 具

藤编灯具的质感会带来朴素自然之美，同时设计也很有特点，灯罩本身就如同一件装饰品。

联 想

虽然是简单的地毯，但颜色依然受到桦木林的影响，北欧人总是能够把自然和家居用品联想到一起。许多艺术品体现出一种自然的哲理，它们会使室内充满遐想的空间。

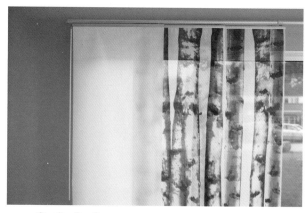

自 然 图 案

来自北欧桦木林的灵感，作为隔断帘的图案，仿佛窗外就是一片树林。

烛 台

传统的设计造型，浓重的黑、白、红色，还有一些传统细节的体现。

纯 朴 的 饰 品

多用白色、黑色或彩色的配饰，如花盆、花瓶或者造型简洁的餐具；陶器也总是给人一种回归的质朴感。

Section 3

现代篇

第三篇

8.1 风格解析

工业风格是近年来室内空间设计中一直颇受追捧的装修风格。

工业风格的历史可以追溯到 19 世纪末至 20 世纪初。当时工业革命进入高速发展阶段，它解决了困扰人类已久的生产源动力问题，机器的产生和使用大大地提高了生产效率，解放了人力，而工厂体制的建立，推动了工业化的快速发展。工业风格也在工业革命强有力的推动下，逐步迈上了历史的舞台。

20 世纪 40 年代，美国艺术家与设计师们首次利用废弃的工业厂房或仓库改建成兼具居住功能的艺术家工作室。这种宽敞开放的房子的内部装修往往保留了原有建筑的部分风貌，如裸露的墙砖、质朴的木质横梁，以及暴露的金属管道等工业产业痕迹。逐渐地，工业风格在美国被发扬光大，广泛用于酒吧、工作室、LOFT 住宅的装修中，并且在全球范围内广为流传。如今我们所说的工业风格，指的就是美式工业风格。

工业风格与极简风格相伴相生，相互影响深刻。下图中的玻璃住宅，设计师运用了"少即是多"的设计理念。住宅本身是一个巨型的玻璃盒子，直径 3m 的红柱筒内包含着壁炉和浴室，将内部空间等分为三部分。建筑细节处理十分讲究，平滑光亮的钢构件尽可能贴近玻璃的内表面，以减少阴影，最大限度地增加透明感和反射效应。

8.1.1 背景分析

工业风格的设计建立在工业美学的基础之上。工业美学的理念必须通过工业空间设计来实现，因此也被称为技术美学和商品美学。工业美学主要体现在 4 个方面：功能美、技术美、材料美、形式美。它与传统的应用技术不同，其审美来自于颠覆性技术与工业的发展。早期由于技术不完善，物体表面的焊接点公然暴露在外结构组件上。二战结束后，美国在工业制造业方面处于领先地位，材料和工艺运用日趋成熟，更丰富的钢铁合成材料越来越多地被运用到工业风格的设计里。

工业风格并非起源于美国，而是在美国被发扬光大。它起源于 19 世纪末的欧洲，巴黎地标——埃菲尔铁塔被造出来以后，很多早期铁制物体以此为参照进行二次设计，它们的共同特征是都由金属焊接而成。

8.1.2 风格特色

工业风格为了强调空间的工业感，会刻意保留并利用那些曾经属于工厂车间的材料和设备，比如钢材、生铁、水泥和砖块等。有时候旧厂房内的暖气管道、灯具或者空调设备都会被小心地保留下来，但是由于过度重视技术和工业的表现，装饰反而被压到了最低限度，显得单调而冷清。因此一些设计师也致力于创造出更富有表现力和更有趣味的设计语言来取代纯技术的体现，把工业技术与艺术情趣结合起来，于是波普艺术风格对工业风格产生了重要的影响。

工业风格的设计理念十分适合于 LOFT 公寓的设计。"LOFT"原指阁楼、顶层楼，也指工厂或仓库的上部楼层。LOFT 公寓起源于早期的低收入住房改造，首先出现在 20 世纪 40 年代的纽约。当时的艺术家们为了逃避市区高昂的租金，开始利用曼哈顿西南区废弃的工业厂房，从中分隔出居住、工作等不同的生活空间。厂房内开敞的空间、高耸的顶面和宽大的窗户满足了艺术家艺术创作的需求，为他们自由建构各种生活形态提供了可能。

工业风格崇尚开放性、流动性、艺术性、透明性，更为突出表现粗犷、神秘、个人特色等特点。空间设计布局上，自由、开放、流动、贯通等则是工业风格最主要的空间设计方式，在有限的空间里面尽可能减少隔断、隔墙等，使空间的通透流动性大大增强，更强调开放性，私密性和隔声等相对较弱。

人类发展进入新时代，越来越多的人开始追求个性化，空置工业厂房、钢结构厂房和大空间的仓库等越来越被人爱戴，变成一种新的建筑形式，愈发成为城市更新发展潮流的组成部分，对新时代建筑美学的发展产生了巨大的影响。工业风格最显著的特征是高大而宽敞的空间，上下双层的复式结构。在这空旷的空间里，弥漫着设计师和居住者的奇思妙想，凭借自己内心的指引，将大跨度流动的空间进行任意分割，打造夹层、半夹层有趣的办公和居住区。

1. 建筑空间的设计

高大而宽敞的空间

工业风格的诱人之处是它高大而宽敞的空间，这让设计师有充分发挥的空间。尤其是层高上的优势，这在普通写字楼和公寓中都很难遇到。在这里可以创造具有垂直共享空间的上下双层复式结构，还可以做出类似戏剧舞台效果的楼梯和横梁。

流动而开放的空间

正是因为具有开敞的空间，才有机会创造出流动而内无障碍的空间设计，户型间可以进行全方位组合。这也是对传统私密性户型布局的挑战。

多变而多功能的空间

与传统的固定空间模式不同，这里的空间常常犹如魔术般时而开敞、时而封闭，光线忽明忽暗，同一空间也可以根据时间和场合快速变换功能。就连家具也可以如舞台布景般瞬息万变。

多元化的艺术空间

这里从一开始就是艺术家的理想殿堂，它通常由业主自行决定所有风格和格局。根据个人喜好，这里可以充满各种艺术气息。

变废为宝的环保空间

工业风格是个变废为宝的环保空间。房间中的墙壁很厚很结实，钉一些隔板就可以放东西；将所有的墙壁用水泥抹平实在是没必要，粉刷一下就可以了。

2. 建筑材料的使用

墙面大多保留了原有建筑物的部分样貌，比如将墙砖暴露在表层或是采用砖块设计、油漆装饰以及用水泥墙代替，窗户和横梁则会做成铁锈斑驳，显得非常破旧。顶面基本不会使用吊顶材料的设计，通常会看到裸露的金属管道或者下水管道等。

3. 表面颜色的搭配

工业风格主要采用黑白灰三类色系，当然有时也会运用砖红色的装饰色彩。一般来讲，黑色给人的感觉是神秘、冷酷，白色则是优雅、静谧，黑白混搭的话在层次上会出现更多变化，非常养眼。

4. 空间装饰的布局

工业风格离不开金属的装饰，但是由于这种材质过于冷调，因此可搭上木质或皮质元素；另外原木家具也是工业风格中常见的物件，尤其是一些老旧木头，更具有质感。当然，金属骨架和双关节灯具，以及样式多变的灯泡和用布料编织的电线，都是非常重要的元素。

8.2 常用元素及设计手法

8.2.1 建筑元素

改造后的工业建筑，外表依然沧桑，充满了厚重的历史感，但是室内却是一个不同的艺术空间：黑色的楼梯、纵横的钢索、错落的空间结构、潇洒明快的线条。工业风格要求尽可能保留原有工业厂房的建筑元素，保留原来那些错落斑驳的砖墙、纵横的管道，甚至保留墙壁上那些具有年代特色的朱红标语以及部分工业机械部件。空间内当代的艺术作品、舒适的现代家具，与斑驳的墙面、过时的机械等历史痕迹相映成趣。这些空间经过改造后已经成为新的建筑作品，它们在历史文脉与经济发展中、在实用与审美之间，与旧建筑展开了生动的对话。

1. 空间

工业风格所采用的承重结构，如承重墙、柱、楼梯、电梯井和其他竖向管道井等，都是对空间的固定不变的分隔因素，因此在划分空间布局时应特别注意它们对空间的影响。采用非承重结构的分隔材料，如各种轻质隔断、落地罩、博古架、帷幔家具、绿化等分隔空间时，应注意其构造的牢固性和装饰性。此外，利用顶面、地面高差或色彩、质地变化，还可以象征性地限定空间。

（1）室内空间的特点

 开 敞

必须至少有一部分平面是开敞的，尽可能减少传统建筑中的墙体（毕竟这是它最大的特点）。

 高 大

你可以营造高大夺人的气势，也可以将空间在垂直断面上进行分割，做出夹层、阁楼或平台的效果，使原本单一的高耸空间变为多元而丰富的垂直共享大厅。

狭 小

为了充分利用空间的高净空，可进行水平划分以感受两层的空间，而这样做的结果往往是产生一个低矮狭小的夹层空间，这会给我们小巢似的安全感与温暖感。但要注意净高不低于1.8m。

自 由

大跨度的工业风格室内甚至连柱子都看不到，那么还有什么能限制你的空间创造呢？弧形的、圆形的、离心式的、转角的、倾斜的……最大限度地解放思维吧，进行自由自在的创作。

流 动

流动空间的要点在于隔墙的非封闭性与灵活性。其实空间是不会流动的，而流动的感受来源于人，是空间相对于人的运动而运动。因此所谓流动就是指空间没有绝对而封闭的阻隔，可以在其中全方位地运动。

房中房

一种奇特而富有戏剧性效果的手法，是将卧室或办公室塞进一个自身独立完整的夹囊或蚕茧状的小屋中。它可以使空间保持开敞贯通，同时又可以让人自由地进行个人的房间装修设计。只要事先指定一个区域，就可以任由你自由发挥设计。

创新

空间的自由发挥能够产生许多创新的室内作品，因此每个成功的 LOFT 室内设计都蕴含着独特的创意。它们或来自对空间的巧妙利用，或来自于意境的创造，或来自于功能的合理与完善。

灵活

随着人们的生活方式变得越来越随意，有越来越多的不可知性，我们不再希望将住宅分成一系列功能单一的房间。我们需要的是功能划分较模糊、可随时转变属性的空间，它可以充当多角色来适应我们灵活多变的需求。这种方法减少了我们所需的房间数量，最大限度地开发出纯净空间的潜力。

（2）景观空间

工业风格代表着这个时代留下的痕迹，它满足了当代人的生活方式需求，采用现有的物质技术手段，体现和这个时代精神相契合的价值观和审美观。工业风格应用于室内设计时都注重环境空间中地域文脉的表达，在满足空间已有的功能需求上，创造与人文、自然景观互相融合的空间形式，从而体现工业风格独特的魅力。

工业风格的屋顶花园与内院可以将花园引入房子自身的空间中。如果你没有屋顶平台，仍然有许多富有创意的方法将室外风景带入室内。可在室内种植各种花卉、青草（麦子是不错的选择）、蔬菜或芳香植物等，如果植物足够高的话，还可以用它们来分隔空间。

室内景观

将一角变成一处室内温室，可以使阳光得到最充分的利用。温室可以成为室内园林，也可以成为室内农场。如果条件允许，还可以引入水景，因为水不但能形成优美的景观，还能发出动听的天籁之音。

屋顶花园

条件允许的情况下，屋顶花园是首选，因为它提供了一个宁静的接近天空的花园，而又没有占用室内空间。

内院

如果舍得放弃部分室内面积，去掉屋顶，便可以营造一个封闭的内院空间，而这个内院相对于其他室内部分则是通透而开敞的。

2．顶面、墙面、隔断与地面

（1）顶面

工业风格起源于旧厂房、仓库的改造，因此工业风格的顶面基本不做任何修饰，尽量保留原来的结构，包括梁、柱和管道。

最简单直接的方式就是保留不加装饰的水泥顶，如果担心掉粉尘颗粒，可以刮平做细致一些，然后直接刷白、喷黑、喷灰或者刷任意喜欢的颜色；裸露的管道也可以喷成喜欢的颜色。需要注意的是，虽然裸露的顶面不会降低层高，且造价较低，但是因为没有吊顶的遮盖，管线直接裸露在外，所以应提前对管线进行规划布局，以免过于凌乱，影响美观；如果有需要也可以用旧木料做顶面或者假梁。

（2）墙面

工业风格室内墙面一直以来都是空间装饰的重点，对风格的塑造起着至关重要的作用。刻意保留未经装饰的墙面是工业风格的重要特征之一，保留裸露的砖墙或者毛坯水泥墙面，有时候甚至需要人为地对墙面进行一些破坏，以达到做旧磨损的效果。

砖墙可以粉刷成白色或者黑色，但一定要保持其原始的肌理。比起砖墙的复古感，水泥墙更有一分沉静与现代感。不一定非要刷得均匀平整，手工造成的随机纹理也有不错的效果。工业风格墙面以有粗糙肌理的材料为主，常用的面饰材料有：文化石、红砖、水泥、水泥板、马赛克拼贴、仿古墙面漆、粗糙的木板等。

工业风格尽可能地想保留大空间，于是可用灵活形式的小隔墙替换原来的墙体。

（3）隔断

用推拉门隔断来分隔私密空间和公共空间，局限性在于隔断本身要占据一半的空间而使开敞度降低。折叠式隔断则可以解决这个问题：一面高大的隔断被分为多个窄条，运用多重轨道使窄条并拢让出更多空间。还有一种折叠法是将推拉隔断分成多个窄条，窄条间用铰链连接做成"Z"字形，只需一条轨道即可将隔断折叠收起。

旋转隔断是利用每扇隔断中部的转轴进行90°的旋转从而达到空间的开合。更实用的方法是将转轴安置于顶面及地面的轨道中，使旋转门扇可以顺着轨道推至一旁，让空间完全打开。

屏风是一种简单易用的手法，它可随时随地形成你的私人空间。可以购买已制好的成品屏风，也可以用适合空间的材料来制作，如木材、布料、磨砂玻璃、塑胶、金属或丝网等。任何材料都可以，如需要透光的封闭空间则可以选择透明或半透明的材料。

百叶式

　　百叶窗能够在室内的窗洞或房间之间的玻璃隔墙处形成一种简洁而具有流线动感的屏障。百叶还可以设计成更新潮的样式，例如使用五彩的塑料带子、编织的金属网、带茸毛的织物或是有光泽的PVC板。

粗野式

　　任何隔断都有其结构形式，粗野式是指隔断的形式能够表现出原始材料的"粗"或暴露出结构和施工痕迹的"野"。

（4）地面

　　地面除了使用功能以外，对室内氛围和风格的塑造也起着至关重要的作用。在工业风格空间中，常用的地面材料有：仿古砖、仿古地坪漆、仿古木地板等。

　　仿古砖是常见的地面铺装材料之一，但是并不是所有的仿古砖都适合，在挑选仿古砖时要挑选色彩纯度较低且有做旧肌理的样式，例如模仿铁锈肌理的铁锈砖；仿古地坪漆是一种特殊地坪涂料，能与水泥起作用，形成一种做旧的肌理效果；仿古木地板要选择颜色比较灰暗，有明显的肌理和做旧效果的样式。

3. 门窗

工业风格的门窗设计中，一般选择铁艺门窗，持久耐用、粗犷坚韧、外表冷峻、酷感十足；因铁艺门窗的冰冷感十分强烈，可以使用大量布艺、木制品去中和设计。

8.2.2 装饰元素

营造工业风格的关键之一就是色彩的搭配，工业风格设计本身体现着颓废、硬朗、个性的感觉，这种风格的色彩塑造以中性色为主。色彩与材料本身的质感也有很大的关系，相同的颜色在不同质地的材料上所呈现出来的效果是不一样的，如金属材料刷漆表现出的是鲜亮的色彩，砖墙、水泥墙刷漆表现出的则是质朴的色彩。因此在进行色彩设计时，应充分考虑材质本身的特性对色彩表现产生的影响。

色 彩 搭 配

黑、白、灰经典搭配。黑色沉稳，白色优雅，搭配不同深浅的灰色，可以创造出更多层次的变化。选用纯粹的黑、白、灰色系，营造的雄性、冷静、理性的质感，更容易体现出工业风格硬朗的特质。

色 彩 搭 配

　　工业风格的主要元素都是无彩色系,略显冰冷。但这样的氛围对色彩的包容性极高,还可以多用彩色软装、夸张的图案去搭配,中和黑白灰的冰冷感。

铁 艺

　　工业风格中不得不说的元素便是铁艺制品,无论是楼梯、门窗还是家具,甚至配饰,都可以大胆使用铁艺,其持久耐用、粗犷坚韧、外表冷峻、酷感十足。

裸砖墙

工业风格墙面常常使用大面积的冷色调来营造气氛，用砖墙取代经过粉饰的光滑墙面更具有复古的韵味，砖块与砖块之间的缝隙呈现出有别于一般墙面的光影层次效果。室内空间局部用裸砖，可以与室内其他墙面形成视觉反差，更出彩。将砖块粉刷成黑色、白色或者灰色，可以为室内带来既复古又摩登的视觉效果。

裸屋顶

不吊顶，可以看见裸露的管线，这也是工业风格特有的元素，这也让层高更高。不要害怕裸露的屋顶，你只需要安排好管线的排布便可；如果你想更整体或者更有特色一点，可以给屋顶整体刷上颜色。

水泥墙

水泥墙是后现代建筑师最爱的元素之一，它可以让人安静下来，静静享受室内空间的美好。

灯 具

工业风格中，灯的运用极其重要。极简造型或复古造型的灯，甚至霓虹灯，都是最佳选择。而且，工业风格多数偏暗，可以多使用射灯，增加电光源的照明。当然，如果空间工业味够足，也可以使用水晶灯，要知道工业风格其实对软装的风格非常包容。

做 旧

工业风格重度痴迷人士也可大胆使用各种出没于恐怖片中的做旧元素，从破烂的墙壁到年久失修的家具、大门，都是很好的装饰品。

9.1 风格解析

将"少就是多"用来形容极简主义风格的设计最合适不过了。只要布局得当，极简主义风格就是一种内容简单却又丰富的设计方式。

极简主义风格通过去掉多余的空间修饰成分，保持主体的简洁性和单一性，以此还原物体或事物最原始的状态。极简主义设计风格，感官上简约整洁，品味和思想上更为优雅。极简主义设计已经被描述为最基本的设计，去除了多余的元素、色彩、形状和纹理，它的目的是使内容突出并成为焦点。作为一种室内设计手法，极简主义设计更加注重运用光线、墙体、家具等，营造出简约、整洁的整体环境。

极简主义在近几年的室内设计领域形成一股风潮，强调纯粹空间的单纯性，运用最简单的构成原理，造成空间的流动与不同层次的穿透性，极简主义的精髓也在于此。

9.1.1 背景分析

极简主义 (Minimalism) 又可称为低限主义，它是在结构主义的基础上发展而来的一种艺术门类。它起源于 20 世纪 60 年代美国艺术史上的重要变革，最初是对抽象表现主义的一种反应，主张一种形式上的客观与单纯；最初表现在绘画和雕塑领域，后来遍及整个艺术领域，包括服饰界的 Calvin Klein 都是受极简主义影响而产生的一种简约风格。

9.1.2 风格特色

简约明确的空间特色

简约但不简单，简约之余又能凸显格调，强调其功能为设计的中心目的，不再以形式为设计的出发点，讲究设计的科学性，重视设计实施时的方便性。

家具的合理布局

极简主义并不是没有一点装饰的白墙水泥，而是抛弃为了装饰而装饰的理念，在功能上多做文章，以合理的功能布局和精湛的家具来增加设计气息。

空间的色调与布艺的结合

惬意的暖色调可以给人带来放松的心情，温馨的布艺可以让人享受舒适的生活。毛茸茸的地毯会让人更加慵懒，在悠闲的假日中在这样的空间非常自在地待着也是一种享受。

简约家具与小配件的灵动搭配

简约的落地窗配上最简单的白色窗帘，浅色系的整个空间都配上了简约型的家具，方正的直白线条沙发和茶几，还有立式台灯。然而小配件中却加入了一些鲜明的色彩，使得空间提亮许多，同时也掺入了一点活泼感。

9.2 设计理念及手法

　　极简主义始终都根植于一种生活方式和生活态度，极简主义生活就是对自由的再定义，简约即是身心舒适。

设 计 理 念

　　极简并不意味着单纯的简化，相反，它往往是丰富的统一，是复杂的升华。无论是表现主题还是审美功能，极简主义风格做的都是加法之后的减法。

　　极简主义追求的是用最直接的方式传达思想。以往的种种艺术流派更多强调的是形式，往往因为繁复的形式而使其要表达的思想被淹没、被忽略。繁复到了一定的极致，必定走向极端的简单，最终各种艺术形式回到了本原，以极简的方式崇尚自然、崇尚本原。

设 计 手 法

　　极简主义并不是一股脑地把所有物品都丢掉，而是认真去思考自己到底需要什么。减少后，才能看得见"重要"的部分。

　　丢掉无用或很少用的东西，只留下绝对必需的物品，这就是极简主义所提倡的生活美学。

　　视觉方面，极简主义认为艺术作品不是作者自我表现的方式，采用简单平凡的四边形或立方体消隐具体形象传达意识的可能性，使用重复或均等分布的手法。物料方面则尽量减少加工，保留物料原本的质感。

9.2.1 空间布局

在空间布局方面，极简主义主张用最少的人为设计手法来表达出对空间、功能的尊重和利用，这也正符合了当下忙碌的人们内心对平静和简单的渴望。

1. 开放式的空间布局

在极简主义风格的室内设计中，常用到开放式空间布局。客厅、餐厅一体，卧室、书房一体，以及开放式的厨房、软性隔断等，都属于开放式空间布局。开放式的空间布局使室内的透视效果和通透性更佳，给人以简洁、大气的空间感受。

2. 流畅的动线设计

流畅、开敞的动线设计是极简主义空间布局的另一显著特征。在进行动线设计时，应结合住户的生活习惯，合理布局各个空间之间的动线，合理陈设家具，使空间更为流畅、通透，提升居住体验。

在进行动线设计时，可以尽可能去掉非承重结构和墙面，以呈现开放、自由的空间面貌，在此基础上进行多种可能性的动线划分。

通常会运用到平行动线、T形动线、X形动线，但要理清不同动线在空间内的主次关系，要避免混乱和打破空间流畅性，以及保全空间私密性。

3. 简化摆设，突出空间重点

在室内空间摆设上，除了日常必需的用品和生活家具外，原则上不应放置其他物品。就客厅而言，除了沙发、茶几等，添置一两件能够渲染室内氛围或凸显主人个性的特色装饰品或艺术品，会使整个空间更加简洁而具有个性。

9.2.2 照明设计

光影是极简主义室内设计中不可或缺的一种装饰元素。光影的营造一般分为自然光线和人工光线两种。相对来说，自然光线使用得更多，一方面自然光线符合极简主义环保与可持续的理念，另一方面自然光线更符合极简室内空间的气氛。

1. 自然光线的运用

自然光线除了满足照明的功能之外，还可以作为极简主义室内设计中一种重要的装饰手段。自然光线随着白天黑夜的变化而变化着，散发出不同角度、不同强度的光晕，达到极简主义者所追求的舒适美好的空间感受。在遵从空间建筑结构的前提下，可以通过天窗、落地窗，甚至是阳光房来借助自然光源增加房屋的透光度。

大面积的落地窗，让整个空间的光线十分充足。自然采光的光影结合室内空间的家具，更加凸显了空间的质感。

2. 人工光线的运用

极简主义设计在人工光线选择上，一般会运用到点光源和线光源，它们更易于营造空间丰富的层次感和自然的氛围。在灯具的选择上则偏向于运用造型简约而小巧的组合灯具，比如组合吊灯、吸顶灯、筒灯、灯带、射灯等，营造简约又不失层次感的整体效果。

在吊灯作为主体照明的同时，可使用一到两排射灯来当作辅助照明，使空间光线更加充足，增加空间的通透感。

壁灯、隐蔽式灯带也是极简主义室内常用到的灯具。它们的光线低调不张扬，在满足局部照明的同时，也让空间多了一份静谧，并丰富了层次。

9.2.3 材料应用

极简主义室内设计非常重视各种材料的选取和运用，材料的丰富表现力可以通过多种建筑材料和组合来实现。极简主义作品中，常用到木材、石材等自然材质及玻璃、镜面等通透感较强的材质。

1. 单一性的材料

极简主义受禅宗思想的影响，通常是谨慎地选择少量材料进行重复使用，有的甚至只使用一种材料，从而使材料更加单纯。在极简主义室内设计中，通常没有不同材料所构成的丰富变化，更多的是单一材料的重复或相近材料微妙的组合运用。

墙面材料

涂料、石材、乳胶漆、镜面、钢材等都是极简主义室内设计常用的墙面装饰材料。为了营造更加简洁、素净的空间效果，墙面一般会大面积选用一种材料来装饰。

地面材料

极简主义设计中，地面大多使用单色调的石材或木材。在选择地面材料时，应注意与墙体的材料和颜色相协调。

隔断材料

在极简主义作品中，玻璃、镜面或者镂空隔断装置用得比较多。它们由于自身材质或形态的独特性，有利于营造空间的通透感。

2. 自然界的材料

极简主义室内设计因为空间和形体简单，所以特别重视材料的表达。除了单一性之外，极简主义特别提倡材料的自然性，主张使用自然和本土材料，以营造空间的自然美与材质美。

石材的运用

石材具有耐久性、美观性等特点，墙面、地面、操作台都可以见到其身影。石材自然、丰富的纹理使空间更具天然美和纯净美。

木材的运用

自然界的木材，可以用来装饰墙面、地面，也是家具的常用材质。自然的纹理、清新的气息，更利于打造一个舒适、宜居的极简空间。

棉麻织物的运用

取自于自然的棉麻材质，色泽简单，透气性好。棉麻织物被广泛应用于布艺沙发、窗帘、地毯、床褥等。它们赋予居室温馨、舒适的气息。

9.3 常用设计元素

简 单

　　拥有不太多的物品，在房间里只摆放喜欢的物品，而且尽可能地使用天然物品，这一类人通常被称为简单一族，也有人称之为极简主义者。

　　对于极简主义者而言，他们知道自己要什么，更能分辨出自己不需要什么，没有多余的摆设，将生活用品精简到最少。这是极简主义者的基本信仰。

禅 意

　　从极简主义中我们也能窥得一丝禅意，其实，极简主义本身就有受到禅宗思想的影响。

　　禅意注重空间或者物体的朴素之美，这与极简主义的一些理念不谋而合，都注重本原之美或者本色之美。在某种程度上，极简主义唤起了隐藏在人们内心深处的禅心——渴望最本真的、永恒的宁静。

 色 彩

　　在色彩的选择上，极简主义往往更中意单色调，多选择单一的色系或是数量较少的配色方案，若非明亮纯色便是黑白灰。

　　用色原则是先确定空间的主色调，然后决定家具和室内陈设的色彩范围。

智 能 化

　　信息化社会改变了人们的生活方式与工作习惯，人们对家居的要求早已不再只是物理空间，更为关注的是一个安全、方便、舒适的居家环境。极简主义意在将复杂的内容删去从而看见重要的东西，家居智能化也常被用于极简风格的室内设计，为人们提供更便捷、更高效的方式。

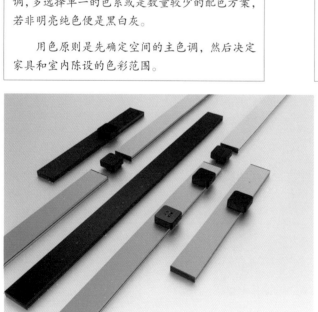

 产 品

　　极简主义风格设计离不开极简主义风格的产品，如智能插座。极简的外表面设计的融入，为设计增添了新的亮点。

 布艺

　　家居布艺方面优先考虑暖色系或单色系的布面；如果布面上印有低调精致的花纹，配合纯棉、纯丝的柔软触感，更能体现品味。

 盆栽

　　以简洁的表现形式来满足人们对植物本身和周围环境相搭配的那种感性、本能和理性的需求，这是当今流行的盆栽风格——简洁明快的简约主义。简约主义是20世纪80年代中期对复古风潮的叛逆及在极简美学的基础上发展起来的，如今开始融入盆栽设计制作领域。

　　简洁也不是缺乏设计要素，它是一种更高层次的创作境界。在盆栽制作方面，它不是放弃原有盆栽艺术的规矩和实质，去对植物本身和花器载体进行任意装饰，而是在设计上更加强调直观，强调结构和形式的完整，更追求材料、技艺、微景观的表现深度。

工 业

水泥地板、裸露的混凝土房梁、黑钢结构，以及可见的风管、水磨石和砖等，形成了一种朴素的城市美学。

灯 光

极简主义风格室内设计的顶部使用嵌入式灯具照明，在镜面反射下不会有小空间的压迫感，而会有宽敞明亮的视觉效果。

家 具

该椅子的设计基本采用直线和简单的几何造型，同时采用白色和黑色为基本色彩，细节之处稍许采用自然图案。完全黑色的高背造型，非常夸张。

10.1 风格解析

艺术装饰风格（Art Deco）是世界建筑史上一个重要的风格流派。从渊源上来说，它起源于巴黎，风行于20世纪30年代的纽约、上海，诞生了众多国际性的地标建筑，成为一个时代的精神图腾。艺术装饰风格演变自19世纪末的新艺术风格（Art Nouveau）。新艺术风格是当时欧美（主要是欧洲）中产阶级追求的一种艺术风格，它的主要特点是自然界感性的优美线条，称为有机线条，比如花草动物的形体；尤其喜欢用藤蔓植物的茎条，以及文化图案，比如中国书法、日本浮世绘等。艺术装饰风格则结合了因工业文化所兴起的机械美学，以较机械式的、几何的、纯粹装饰的线条来表现；并注重表现材料的质感、光泽；色彩设计中强调运用鲜艳的纯色、对比色和金属色，造成华美绚烂的视觉印象。

艺术装饰风格是对20世纪初的各类装饰艺术的全面复兴。喜爱使用的元素诸如扇形辐射状的太阳光、齿轮或流线形线条、对称简洁的几何构图等，并以明亮且对比鲜明的颜色来表现，例如亮丽的红色、娇嫩的粉红色、电器类的蓝色、警报器的黄色、探戈的橘色，以及带有金属味的金色、银白色以及古铜色等。同时，随着欧美帝国资本主义向外扩张，远东、中东、希腊、罗马、埃及与玛雅等古老文化的物品或图腾，也都成了装饰的素材来源，如埃及经典建筑、非洲木雕、希腊建筑的古典柱式等。

10.1.1 背景分析

1925 年在法国巴黎举办了现代工业装饰艺术国际博览会，"艺术装饰风格"一词正式出现于人们的视野中，并影响了当时建筑设计以及美术与应用艺术的设计格调，如家具、雕刻、衣服、珠宝与图案设计等。

19 世纪末至 20 世纪初是社会的转型期，工业革命已在欧洲完成，机械化大生产的方式也已具雏形。在欧洲发达国家，社会开始进入工业文明时代，手工业的生产方式正逐渐被机械化的生产方式所代替，工业化大生产的产品已经开始进入人们的日常生活。在这种挑战面前，人们对手工艺的怀旧使这种方式得到了昙花一现般的最后辉煌。

处于手工业与工业化的过渡时期，艺术装饰风格呈现出注重传统装饰与现代造型设计的双重性。它反对纯自然装饰与中世纪复古，也批评单调的工业化风格，是古典艺术与现代主义艺术间的一场衔接。

不过，艺术家们的最初灵感来源于遥远的古埃及。1922 年，英国考古学家豪瓦特·卡特（Howard Carter）在埃及发现了一个完全没有被侵扰的古代帝王墓——图坦卡蒙墓，其大量出土的文物展示出一个绚丽的古典艺术世界，震动了欧洲的新进设计师们。那些 3000 多年前的古物，如著名的图坦卡蒙金面具，具有简单的几何图形，使用金属色系列和黑白色彩系列，却达到高度装饰的效果，这给予设计师们强有力的启示。

整个 20 世纪，很多设计思潮的兴起都和艺术装饰运动有关，可以说艺术装饰风格是一场至今尚未结束的艺术运动。人们在对现代主义、极简主义带来的冷漠和无视人的使用功能进行反思之后，开始重新审视环境和产品使用过程中人的精神感受，并趋向于设计一种生活方式，设计一种能让居住者"触摸"到的空间感受，同时强调要以人为本，创造一个感性、生动的精神氛围。

艺术装饰风格的无限魅力，就在于对装饰淋漓尽致的运用，且不论时代如何变迁，都能在其中出现新突破。

10.1.2 风格特色

艺术装饰风格包含流畅而锐利的线条、优美的几何造型及简洁的色系，强调数学性和动能感。它使用简单统一的风格，几何抽象的形式，大胆的对比颜色，创造了一个简单、程式化又豪华的氛围。它同时影响了许多方面，包括建筑、绘画、家具及时尚的各个领域，纽约帝国大厦（Empire State Building）、克莱斯勒大厦（Chrysler Building）、塔玛拉·德·兰陂卡（Tamara de Lempicka）的画作、莱昂·巴克斯特（Leon Bakst）的舞台设计、卡地亚（Cartier）的装饰艺术系珠宝都是艺术装饰风格的代表作。

艺术装饰风格作为一种经典的艺术风格，启蒙了现代主义（Modernism），其影响力至今不衰。

光怪陆离的图案纹样

　　艺术装饰风格的图案纹样包罗万象，融合了自然界万物，如斑马纹、鲨鱼纹、曲折锯齿图形、阶梯图形、放射状图样等，极具机械线条美感和装饰效果，从感官上震撼视觉神经。

几何化的造型

　　从建筑空间到室内空间，艺术装饰风格的造型和装饰都趋于几何化，常见的有阳光放射形、阶梯状折射形、V字形、金字塔形、扇形、圆形、弧形等。其中金字塔造型等埃及元素的使用，表达了当时高端阶层对高贵感的追求，而放射状的太阳光形式，则象征了新时代的黎明曙光。

丰富的装饰品

　　艺术装饰风格中，对富有异域特征的材质的运用也非常普遍，如中国的瓷器和丝绸、非洲的木雕、日式锦帛、东南亚棉麻和法国的宫廷烛台等，丰富了艺术装饰风格的内涵与形式。

新材料与新工艺

艺术装饰风格当时风靡的原因之一是它对古典主义和现代装饰艺术的折中态度减少了大量的手工操作，并为大批量生产提供了可能。设计师大多采用新材料、新技术来创造新的形式，勇于尝试诸如钢铁、玻璃、青铜等新材料，来表现整体的质感和光泽。设计追求单纯简洁，但它不像同时期的包豪斯派，一味强调功能性，彻底抛弃装饰，而是主张装饰与功能有机结合。

张扬而华丽的装饰

艺术装饰风格所体现出来强烈的装饰性大多以线条形式表现，这些装饰线条大胆、奔放，似乎没有什么能够限制它们。虽然它们追求的是一种自然而纯朴的意境，但对自然的描摹与抽象使这些装饰带有明显华丽的色彩。

五彩斑斓的色彩

艺术装饰风格之所以备受人们推崇和喜爱，就是由于它具有五彩斑斓和激烈昂扬的色彩。在如今强调个性和张扬独立精神的时代特征下，色彩理所当然成为寄托精神和表达情感的重要工具；室内设计也不再是一如既往的白色，热烈的红色、温情的紫色、忧郁的蓝色、深沉的黑色以及各种华丽的颜色使空间多姿多彩，充满创意。

眼花缭乱的异域风格

艺术装饰风格的主题来源广泛，包括日本文化、美索不达米亚文化、埃及文化、非洲撒哈拉文化、玛雅文化和阿兹特克文化在内的各种风格都有所体现。

10.2 常用元素及设计手法

10.2.1 线条、节奏、图案元素

艺术装饰风格的建筑强调几何形体、流动性、速度、复杂精密。最重要的是它通过技术表达进步。这种风格的建筑有着竖直的装饰、直线排列的窗子，目的是把人的目光向上吸引。它的特征包括：曲折的屋顶、"条带装饰"（或是画上去的，或是安装上去的）。这些装饰物被添加在建筑上，以减少厚重感，同时使建筑呈现漂亮、时尚的品质。

沿袭新艺术运动的线条特色，艺术装饰风格的常用线条主要分为两大派系：一派为曲线派系，如鞭形、螺旋形；另一派为直线派系。设计时一般要选择其中之一，以免在设计中出现自相矛盾的现象。

1. 曲线派系

艺术装饰风格复兴了新艺术运动的曲线，充满个性的曲线是新艺术运动在现代艺术建筑史上最突出的、有别于其他艺术运动的特点。新艺术运动所展现的曲线变化多样、自由洒脱，把美感发挥得淋漓尽致。鞭状曲线、螺旋线、波浪线、藤蔓线等种类繁多的曲线堪称精美的艺术佳作。

鞭状曲线

自由挥洒的鞭状曲线可以组成室内任何部分的线条：垂直面与水平面的交界线、门窗套、栏杆扶手、家具陈设、装饰、绘画，甚至是建筑平面分隔。这些线条取材丰富，既有法国18世纪洛可可风格的弯曲多变，又有中世纪的装饰意味，还有浪漫主义的夸张和象征主义的神秘色彩。

螺 旋 线

　　螺旋线可以是单独的线条以海螺形式弯曲和变形，整个建筑空间也可以作为螺旋线来设计，如左图的旋转楼梯。新艺术运动形成的风格在工艺美术运动的基础上走得更远、更抽象，母题已失去了写实和理智的平衡对称，朝着感性和夸张抽象的方向发展。

波 浪 线

　　艺术装饰风格的曲线自由、流畅、夸张，抽象的造型常常从实体中游离出来而陶醉于曲线符号。上图霍尔塔设计的铁艺栏杆纤细精巧，如海浪般的线条涌动着、翻滚着，激起点点"泡沫"，给略显冰冷的建筑平添几分雅致。

藤 蔓 线

　　受到法国洛可可艺术的影响，艺术装饰风格特别偏爱有机形式的曲线，尤其是花卉或植物等，但它舍弃了洛可可写实的模仿，进一步进行抽象。金属材料的延展性为藤蔓线提供了绝佳的载体，通过扭曲、攀沿、缠绕、舒卷等造型达到模拟动态与神似的效果。

2. 直线派系

直线派系主要源于格拉斯哥和维也纳。在现代主义发展史上，其地位甚至高于曲线派系。该派仍然强调线与线的相互作用，但其装饰主题是直线，还包括一些几何图形，主张造型简洁、实用。

方形、菱形和三角形

这些几何形体常常作为形式基础，运用于地毯、地板、家具贴面等处，创造出许多繁复、缤纷、华丽的装饰图案，有的时候还会与其他图案和纹样共同使用，比如麦穗、太阳图腾等，显现出华贵的气息。

直线与矩形

直线与矩形并不代表呆板与僵化，设计师灵活地运用重复、对称、渐变等美学法则使这些简单的几何造型充满诗意和富于装饰性。这种创造方式就是赋予形体"意味"的过程，也是将自己的观念注入设计的过程。

折线

常用的折线有意大利未来主义的太阳光芒、闪电纹样等。折线线条明朗、过渡温和、表现夸张、纹饰多种多样。艺术装饰风格的无限魅力就在于其对装饰淋漓尽致的运用，且不论时代如何变迁，都能在其中出现新突破。

3. 节奏感

节奏是一种有规律的、连续进行的完整运动形式，它用反复、对应等手法把各种变化因素加以组织，构成前后连贯的有序整体。节奏是抒情性作品的重要表现手段，它不仅限于声音层面，形式的组织也会形成节奏。艺术装饰风格强调将各种艺术形式综合起来运用到室内设计当中，因此注重跳跃的节奏感，用设计体现音乐与舞蹈的精髓。

将装饰构件通过各种疏密有致的节奏组织起来，就可以得到一种如音乐般令人愉快的美妙感觉。这些节奏既包含图形的排列，也包括色彩的构成。

既然各种艺术可以融为一体，那么设计也是一种综合美学，即便是音乐和舞蹈也容易适用于这种三维艺术，演化成优美跳跃的线条。同时，美妙的乐曲和舞姿也可以通过这种特殊的途径得到升华。

4. 装饰图案

工艺美术运动的装饰图案以自然花草为母题，构图对称、稳定，但弯曲的线条和雅致的轮廓线表现出植物的生机，各种设计都力求格调高雅。这些都体现在艺术家们设计的家具、银器、壁纸和纺织品中。19 世纪 60 年代，莫里斯设计了他最为著名的一些壁纸和纺织品花纹。这些图案基于自然的造型，如花和藤蔓等植物，这些设计后来成为装饰艺术的主题。

10.2.2 主题元素

沿袭新艺术运动的传统，艺术装饰风格的主题多是绵长的流水、多变的花草、苗条漂亮的年轻女郎，更多地带有令人憧憬和幻想的色彩，具有极为明显的唯美倾向。将自然界抽象化使得设计者有了自由的空间，一旦从具象派的框框中解脱出来，艺术家们就可以充分发挥想象力，随心所欲地将自然存在的具体形象扭曲、拉长、卷曲……随时适应各种空间需要。

1. 动植物主题

动植物主题是艺术装饰风格的首选，生物界充满生长的力量与朝气蓬勃的精神，这些正是设计师所追求的，如花鸟女人、海洋生物、浪漫主题、植物花卉等。

花 鸟 女 人

花、鸟、女性是运用得最多的主题。慢慢地，这些形象越来越抽象，逐渐演变成区别不是很大的各种线条。例如"女人花"的图形比较普遍，其主题就是半人半花的结合。这种抽象化继续发展下去，结果就可能是波浪形、锯齿形、S 形等错综复杂的曲线，再也推断不出现实中的原型。

海 洋 生 物

神奇的海洋世界提供给我们无限的素材与灵感：形态各异的贝壳、螺钿；流线造型的鱼类以及它们身上闪光的鳞片；五彩缤纷的珊瑚与海藻……这些生物连同涌动翻滚的海浪组成了美丽而和谐的图案。

浪漫主题

艺术装饰风格可以是很多奇幻事物的化身。这些神奇魔力的源泉就是光怪陆离的色彩、灿烂辉煌的设计和超群技能的交融。

植物花卉

植物的造型是艺术装饰风格设计中的常用元素，通常使用大枝叶、大线条的树木与花卉。这不是对植物纹样的单纯模仿，而是将植物造型抽象升华为几何造型。经过提炼，图案表现出特殊的装饰性，夸张造型中既保留了华丽的风格，又具有强烈的现代气息。

2. 异域主题

设计师们相当一部分的创作灵感源自于像日式、哥特式这些历史上曾经盛行过的风格。洛可可式以其精美纤巧的装饰、奇异的不对称曲线著称，它对于新艺术运动和装饰艺术派有十分重要的影响。同样值得一提的还有摩尔风格的藤蔓花纹和波斯风格的设计。另外，凯尔特样式也提供了不少灵感。然而，设计师们并没有试图去模仿他们的前人，他们所做的是取其精华，作为其创新的元素。

非洲与南美主题

非洲部落舞蹈面具的象征性和夸张性，南美洲玛雅文化中艺术装饰纹样的简练、神秘与精神化都吸引着当时的艺术家、设计师的目光。

东方主题

来自中国、日本及小亚细亚的建筑、装饰、纹样同样引起了欧美设计师的极大热情。这些体现着东方国度古老文明的装饰在欧美文化的大背景下凸显其朴素与华丽、另类与神秘的色彩。

埃及主题

1922年，埃及法老图坦卡蒙的墓穴重见天日，古墓中抽象的几何图形、金属器具的光泽、陶器上的黑白色、古建筑的装饰纹样等都刺激着设计师的灵感，这些正是艺术装饰风格所追求的。

3.新世界主题

对很多国家来说，20世纪的到来意味着崭新世界的开始，对新世界的憧憬也必然反映在室内设计的理念当中。而当时的艺术装饰风格就是利用各种新兴美学来诠释这种新世界的主题，例如：采用意大利未来主义的元素，用太阳的光芒、闪电的纹样等来表达对新世界的向往和对新生活的热情。这一时期，俄国构成主义将结构当成是设计的起点，其奠基人塔特林研究了各种材料及其适合的几何造型后，认为材料的有机组合是一切设计的基础。此外，立体主义成为美术史上的一次革命，体现在艺术装饰风格室内设计上主要是强调几何图形和多点透视。

科技主题

在那个时代，以天空为意向是很流行的。阳光四射、雷电霹雳的图案不断地在电梯门、厨房器具中反复出现，同时代表收音机和电报的半圆形也被频繁使用。毫无疑问，这是在提醒人们那个时代要展示自己技术进步的强烈欲望。

流行艺术

对流行艺术与时尚的追求是热爱生活的表现。海报、香水、食品包装、摩登装帧的书籍……流行的东西取代了厚重的古典绘画与艺术品，成为室内装饰的"座上宾"。

10.2.3 装饰元素

1. 材料

艺术装饰风格勇于尝试诸如钢铁、玻璃等新材料，并运用一些豪华的装饰来提升设计品位，比如青铜、名贵的纺织品，比较注重表现材料的质感、光泽。

（1）木材及其镶嵌

机械加工使木材的制作更加容易。出现了木皮、胶合板，也使雕琢曲线木装饰脱离了单纯的手工切削，从而使木材越来越受到艺术装饰风格设计师的喜爱。

木饰面组合

对于私人空间的室内装饰，抛光的木材或镶木地板是惯用的形式。常常用几种不同色泽的木材进行组合，拼贴出直线派系的图案。

木材镶嵌

有的家具在深沉的黑色贴面材料中镶嵌洁白的贝壳，画龙点睛，流出七彩光晕；有的用胡桃木做饰面，饰以看似平滑而色彩浓重的几何图案；有的将彩色玻璃镶嵌进木材当中，为厚重的木材带来舞蹈般跳跃而俏皮的色彩。

（2）墙面装饰材料

艺术装饰风格十分重视墙面的装饰，可以通过绘画、拼贴以及材料的质感组合创造出上文中提到的各种主题。常用的墙面材料除了木饰面外，还有各种抛光大理石、云石，或者将木材与石材、贝壳、金属组合在一起。另外，壁画与精美的壁纸也是常用装饰材料。

壁画

壁画常常用来描绘异域主题或者展示某种新兴美术流派。艺术装饰风格作品喜欢采用立体派、野兽派、后印象派、风格派、未来主义等现代绘画作为超大尺度的墙面装饰。

壁纸

艺术装饰风格的壁纸个性十分鲜明，除了要表现常用主题外，大面简洁、局部集中装饰也是它的特点。壁纸图案不追求奢华，反而要体现一种理性而节制的美。虽然壁纸是一种古老的装饰材料，但在如今的室内设计中并没有被淘汰，反而由于技术的改进，更方便使用和清洗。

（3）金属

艺术装饰风格中对金属的运用已经成了其灵魂所在。通常情况下，此类材质用于建筑内外门窗线脚、檐口及建筑腰线、顶角线等部位，以及内部门窗、栏杆、家具细部等。

铁艺

艺术装饰风格建筑对铁的应用极富创意，细长蜿蜒的铁条交接成枝叶与花卉的图案，有时其间还嵌有玻璃。上图这座建筑富丽堂皇的花格子围栏和窗棂的设计传神，优雅又富有动感，整体效果犹如幻境。

 黄 金

在维也纳和东欧，黄金是最受艺术装饰风格艺术家与建筑师们青睐的特殊材料之一。建筑的正面镶嵌镀金的植物造型是很常见的装饰手法。这项工艺使建筑物在阳光下显得金碧辉煌，格外耀眼；夜晚若是有聚光灯的照射效果更佳。

 铜

黄铜、红铜或合金比铸铁更加贵重和华丽，也更富有光泽。这些材料同铸铁一样可以设计出变化多端的图案，这些看似杂乱跳跃的螺旋形和藤蔓形花纹中蕴含着对称与节奏，使整体观感不乏和谐之美。更重要的是所有构件在设计时都考虑了能够用机器产生而非纯手工打造，有利于大规模的推广与应用。

 不 锈 钢

目前装修市场上，不锈钢的用量远远大于铜及电镀金属。它易于加工，而且可以表现出光亮而闪烁的光泽，十分精致、细腻，成为艺术装饰风格的"新宠"。

（4）玻璃

玻璃在艺术装饰中占有举足轻重的地位。它可用于各种场合来调节光线或配合装饰。阳光透过玻璃洒进室内，由于玻璃形状多样、色泽饱满、质感明快，使得整体空间有种别样的几何结构特色。

镜面材质

沿袭洛可可风格的传统，艺术装饰风格也喜欢闪烁的光泽。因此反光的镜子、多彩的玻璃、摇曳的灯光都是常用的装饰元素。

彩色玻璃

彩色玻璃是艺术装饰风格最具标志性的特点之一，它可以镶在窗子上，可以做房间的隔断，还可以背面打灯挂在墙上做装饰。

2. 色彩

艺术装饰风格色彩设计走的是折中路线，既有工艺美术运动朴素而自然的低彩度典雅色彩，又有新艺术运动所特别强调的艳丽的色彩、对比色和金属色系。这里仅介绍最常见的两种色彩。

 对 比 色

艺术装饰风格喜爱强烈的色彩对比，常用黑白对比、补色对比达到整体效果的干净利落，体现新世界的时代感。

艳 丽 的 色 彩

常用的艳丽色彩包括鲜红、鲜黄、鲜蓝和金属色（例如古铜、金、银等色彩），造成华美绚烂的视觉印象。

3. 家具

家具材料多采用实木，保留材料本身的纹理和色泽，并且通过色彩对比（通常是红—黑—红），产生强烈的装饰性。局部采用金色和银色点缀于线脚和转折面，强调家具的结构和质感以及雍容华贵的气质。材料本身依然可以通过二次加工产生别样风情，例如表面进行图案刻画，并用抛光金属镶嵌和对比。

金属家具

艺术装饰风格的家具设计分为3个派别：传统派、现代派和个人派。无论哪一种派别都喜欢尝试出其不意的材料运用，例如设计师常常放弃传统的橡木而改用青铜，甚至用铜绿使家具更具特色和视觉效果。左图为阿尔芒德·艾伯特·拉托设计的充满东方典雅气息的青铜扶手椅。

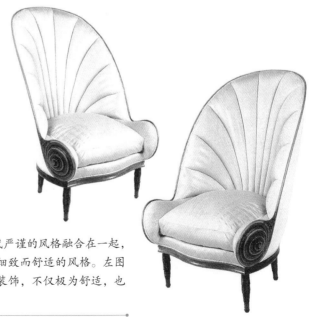

木制家具

艺术装饰风格在现代家具中注入了历史复兴色彩。1840年出现的蒸木模压成型技术将造型特异的曲线派系木制家具推向工业化生产，从而满足了大量的消费需要。

布艺家具

艺术装饰风格的布艺家具将路易十五时代的华丽和现代严谨的风格融合在一起，比较偏爱具有明显木纹的黑檀木和桃花心木，作品呈现出细致而舒适的风格。左图保罗·伊里勃设计的凤尾椅高而松软的靠背采用褶皱作为装饰，不仅极为舒适，也营造出了凤尾般的高贵气质。

汲取经典设计元素

艺术装饰风格的家具里，你可以看到古埃及、经典的希腊、神秘的拜占庭、奇异的东方、非洲部落、拉美土著、玛雅、哥特风格的元素。

甚至有当时环球巡演的俄罗斯芭蕾舞团的影响。

经典的鸡尾酒沙发，现在也被广泛用于室内空间中，不断证明着这种风格的重要性和持久不变的品质。

现在我们所处的时代，公众品味已经从大批量生产的家具转向有特质的独特产品，艺术装饰也变得更加柔和。简单的几何线条，各式圆形，艺术装饰有些东西一直未变。

4.灯具

艺术装饰风格最明显的表现是在灯具方面，包括灯台、墙体壁灯、落地灯和支架吊灯等。即使按照今天的标准，这些设计仍然是极其现代的。一些经典作品包括：以链悬垂大理石杯做垂饰物的支架吊灯、玻璃和镀铬金属制作的贝壳状或扇形壁灯、以合成树脂镀铬合金为底座的带有不透明玻璃罩的台灯、程式化的女性手持圆球或灯罩。

玻 璃 与 金 属

　　对于新艺术运动的大师们来讲，照明设备为显示其高超的技艺开辟了一条新路，他们可以采用各种发光、透明材料竭尽所能地发挥创造力。上图的吊灯使彩色玻璃和锻制铁艺水乳交融。

灯 罩 与 底 座

　　透过蒂凡尼式灯罩上温暖变幻的色彩，光线安逸地洒在桌面上，朦胧而恬静。纤细的黄铜烛台造型奇特，尤其是其漩涡状底座和优雅和谐的茎干十分引人注目。

5. 装饰品

想让艺术装饰风格在装潢中显出功效，并不一定要收藏许多艺术品。仅仅一个花瓶也许就能提升整个房间的格调；同样，一个设计成枝状缠绕的烛台也会使人浮想联翩。这类艺术品或装饰品好像能传达某种特殊信息，格外引人注目。此外，富于异域特征的工艺品也是不错的选择。

简 练 与 现 代

　　直线派系的工艺品虽然也追求设计的精良与做工的精致，但比起曲线派系更加简练和抽象，往往使用折线与几何图形简化繁复的细部。其造型在很多地方受到立体派绘画的影响。

精 致 与 典 雅

　　上图的灯具中，卷曲的蕨类植物叶片和棕榈叶形状的灯臂优美婉转，彩色玻璃的灯罩闪耀着朦胧的光晕。靠在墙上的椅子线条柔美。精致的边桌与茶几，以及花瓶与小雕塑，都是精美绝伦的新艺术派产品。

细 节

　　艺术装饰风格十分注重细节，即使一个很小的部分（如上图的门把手）也不同凡响，具有华美奔放的特质。

线 条 装 饰

　　艺术装饰风格中常出现的阳光放射形状的镜子就是一个典型元素。左图中的银镜，清晰光亮搭配奢华金色边框，于优雅中自然流露出浪漫的艺术气息。

线 条 装 饰

　　自然界感性的优美线条或有机线条，比如花草动物的形体，尤其喜欢用藤蔓植物的茎条。

线 条 装 饰

　　结合机器时代的技术美感，机械式的、几何的、纯装饰的线条也被用来表现时代美感。

11.1 背景研究

11.1.1 风格解析

　　"后现代主义 (Postmodernism)"一词最早出现在西班牙作家德·奥尼斯1934年的《西班牙与西班牙语类诗选》一书中，用来描述现代主义内部发生的逆动，特别有一种现代主义纯理性的逆反心理。

　　后现代主义以复杂性和矛盾性去洗刷现代主义的简洁性、单一性。采用非传统的混合、叠加等设计手段，以模棱两可的紧张感取代陈直不误的清晰感，非此非彼、亦此亦彼的杂乱取代明确统一，在艺术风格上，主张多元化统一。

11.1.2 历史渊源

后现代主义产生于20世纪60年代，在80年代达到巅峰，是西方学术界的热点和主流。它是对西方现代社会的批判与反思，也是对西方近现代哲学的批判和继承，是在批判和反省西方社会、哲学、科技和理性中形成的一股文化思潮，其著名的代表人物有德里达、利奥塔、福柯、罗蒂、詹姆逊、哈贝马斯等。

11.2 设计理念与风格特色

11.2.1 文脉主义

在室内设计中，文脉的凸显并不是简单地恢复历史风格，而是把眼光投向被现代主义运动摒弃的广阔历史建筑中，承认历史在建筑装饰中的延续性。它有目的、有意识地挑选古典建筑中有代表性、有意义的元素，对历史风格采取混合、拼接、分离、简化、变形、解构、综合等方法，运用新材料、新施工方式和结构构造方法来营造新的形式语言与设计理念。

左图为新加坡国立大学里的小礼堂。它在古罗马建筑拱券构造的基础上，对拱券形式进行变形，配以嵌入式灯带照明，从建筑的本体上体现出礼堂的庄严感及现代感。

不用传统的构图手法、等级制度和一些规则原理，而是把设计通过点、线、面三个要素来分解，然后又以新的方式重新组合起来。三层体系各自都以不同的几何秩序来布局，相互之间没有明显的关系。这样，三者之间便形成了强烈的交叉与冲突，以此构成矛盾来体现解构哲学和解构思想。

11.2.2 隐喻主义

后现代主义室内设计运用了众多隐喻性的视觉符号在作品中，强调历史性和文化性，肯定了装饰对于视觉的象征作用，装饰又重新回到室内设计中，装饰意识和手法又有了新的拓展，光、影和建筑构件构成的通透空间，形成装饰的重要样式。

在中国风的室内设计手法中也常见到后现代主义风格。例如室内灯具的选择上采用变形山水样式与室内分割装饰墙呼应。这种设计表面上看起来是一种简单的借用或是奇思妙想的任意组合，没有章法，是设计师的一些很主观的设计，但其实是有价值而又有真实情感的表达。

● 幕墙样式是在欧洲古典主义装饰要素里提炼出装饰线，把古典构件的抽象形式以新的手法组合在一起，即采用非传统的混合、叠加等手法和象征隐喻的手段，在室内装饰上产生独特的视觉效果。

● 隐喻主义在室内色彩设计中存在着极端性。颜色纯度高、色块大、色调差异大，正是借助如此错综复杂的色彩和不协调的色彩，创造出一种活泼多变的后现代主义情调。

11.2.3 装饰主义

● 后现代主义最突出的特点之一就是装饰中的混合性。它强调艺术对生活环境的组织作用，认为艺术的表达是艺术品与接受者之间形成的"共鸣时空"或"审美场"才能体现出来。后现代装饰主义是中产阶级的精神需求产物，也是当时社会流行文化的具体表现。

—▶ 装饰主义体现了使用者的趣味。在追求精神愉悦的过程中，享乐高于一切，因而后现代设计中大量运用夸张的色彩和造型，甚至是卡通形象的装饰，以唤起我们关于童年的美好记忆。

—▶ 装饰几乎成了后现代设计最为典型的特征之一。夸张的装饰墙、代表使用者精神追求的装饰品、凸显个性的家具用品，无时无刻不体现着流行文化。后现代主义不是现代主义全抛弃古典元素而是折中地选择古典主义元素进行再创作，开创了装饰主义的新阶段。

11.3 常用元素及设计手法

11.3.1 墙面及门窗

1. 墙面

20世纪60年代波普设计的产生，使各国设计师对单调、冷漠、没有个性的现代主义设计逐渐感到厌倦，并开始尝试各种反现代主义的设计，后现代主义设计的序幕由此拉开。新的建筑材料和技术革命带来钢筋混凝土建筑的诞生。这一时期，新的社会统治阶层登上历史舞台，农民大量转变成城市劳动者，推动了建筑样式及建筑空间布局的变化。单元楼这种建筑形式在城市中大量建设。后现代主义艺术及艺术设计在社会的各种层面以独特的姿态展现出来。建筑内的墙面装饰性趋于多元化，常常采用粉刷、墙纸、手绘图案和木制护墙板等方法进行装饰。

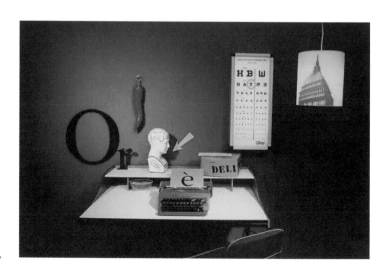

墙 面 粉 刷

单一性的色调与纯度很高的艳丽色调并存。在墙面这种大面积色调中，设计师注重了色的亲和，从自然中体现色彩本来的面目，表达崇尚自然和保护环境的意识。

墙 面 壁 纸

空间一：色彩跳跃的个性化空间。高纯度色彩的大量运用，大胆而灵活，不单是对现代风格家居的遵循，也是个性的展示。

墙 面 壁 纸

空间二：简洁、实用的个性化空间。由于线条简单、装饰元素少，现代风格家具需要完美的软装配合，壁纸采用黑、白、灰才能显示出精髓。

墙 的 贴 面

单色马赛克、建筑原本材料故意暴露或是墙面拉毛处理，这几种手法常出现在后现代主义风格设计的作品中，是设计师追求自然、追求精神需求的强烈表达方式。

2.门窗

右图中的美国电报电话公司大楼，结构是现代的，但在形式上则一反现代主义、国际主义的风格，采用传统的材料——石头贴面，采用古典的拱券，顶部采用三角山墙，并在三角山墙中部开一个圆形缺口。作品体现了后现代主义的基本风格：装饰主义和现代主义的结合，历史建筑的借鉴，折衷式地混合采用历史风格，游戏性和调侃性地对待装饰风格。门洞模仿了巴齐礼拜堂。

左图为美国康涅狄格达里恩史密斯住宅。建筑的构造上采用大面积的落地窗。窗间墙与室内构造柱之间产生垂直空间分割，这样的空间和天然光线在建筑上的反射达到了强烈的光影效果。这种采用大面积的开窗形式可以看出设计师运用光影调节建筑内部空间大小。

11.3.2 家具陈设

　　文丘里概括说："对艺术家来说，创新可能就意味着从旧的现存的东西中挑挑拣拣。"实际上，这就是后现代主义建筑师的基本创作方法。

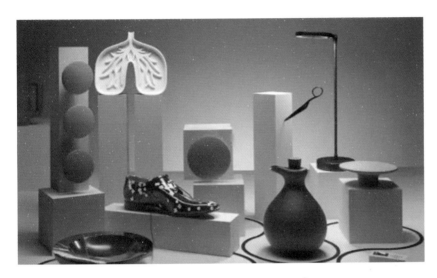

波普派家具

　　波普风格是后现代风格中的一种，是多种元素组合的设计风格。波普派家具的设计多源于生活的素材，如将沙发做成手掌形、嘴唇形，甚至鞋子形状等，充分反映了波普艺术反对传统文化的设计思想。正像所有现代设计的作品一样，波普派家具也是十分注重材料的运用及制作的技术水平，光亮的材料是它所追求的目标。波普风格成功地将高层次的艺术与通俗文化结合在一起，并对室内设计与家具设计产生了较大的影响，其设计作品都是具有使用价值的消费品，并且以轻便、自然、风趣、具有现代魅力的形式表达出来。

复古式家具

　　复古式家具以大众化的艺术为基础，是新技术和老样式相结合的产物，有沙发、床、梳妆台、贵妃椅、国王椅、餐边柜、餐桌椅、角柜等，多采用弧形雕花木架或通花不锈钢脚架，木架上面饰以金箔和银箔，跟光滑温润的毛绒面料或高档尊贵的全皮面料相结合，再镶上闪闪发光的珠片、钻扣、珍珠等，与欧式风格家居装修相搭配，营造出时尚另类却又华美异常的家居氛围。

解构形式家具

造型强调稳重奢华、简约明朗、厚实大方，散发出一种独特的魅力。板件的边角又巧妙地运用了圆形或弧形的几何形式边角处理手法，使用大量精巧优雅的弧线设计，富有韵律之美，温文尔雅、卓越超群。颇具前瞻性、不拘一格的设计理念，符合新贵的审美品位。

高 技 派 家 具

　　以高强度、高硬度、硬铝或各种金属材料作为主材料，用夸张的手法将这种材料组织暴露出来，从而表现出新材料体量轻、用料少、装配灵活的特点。高技派家具设计推崇几何学，并且将新材料、新技术用到具体设计中。

11.3.3 装饰

后现代所推崇的理论体系便是"装饰美学"，或曰装饰主义，其真谛就是装饰，既包括室外装饰，又包括室内装饰。后现代主义建筑大师罗伯特·文丘里就曾宣称："建筑就是装饰起来的遮掩物。"这一观点对现代室内设计产生了深刻的影响。

比例失调且结构毫不相关的巨型装饰柱

奇形怪状的现代雕塑

情趣横溢的家具

光滑温润的毛绒面料条纹地毯，配上大理石、天然斧面石材或强烈纹理痕迹的木材营造的氛围。

夸张的装饰画及装饰墙。

以铁艺、铝合金、玻璃等硬质材料为主要构件，融合多种材料的新铁艺工艺，方便打造曲线线条和非对称性线条的灯饰造型。

参考文献
References

[1] 中华人民共和国住房和城乡建设部 . 中国传统建筑解析与传承 安徽卷 [M]. 北京：中国建筑工业出版社，2016.

[2] 中华人民共和国住房和城乡建设部 . 中国传统建筑解析与传承 江苏卷 [M]. 北京：中国建筑工业出版社，2016.

[3] 中华人民共和国住房和城乡建设部 . 中国传统建筑解析与传承 山西卷 [M]. 北京：中国建筑工业出版社，2016.

[4] 梁思成 . 中国建筑史 [M]. 北京：生活 · 读书 · 新知三联书店，2011.

[5] 日经建筑 . 建筑的力量：日本建筑师的设计之道 [M]. 武汉：华中科技大学出版社，2018.

[6] 堀内正树 . 图解日本园林 [M]. 张敏，译 . 南京：江苏科学技术出版社，2018.

[7] 派尔 . 世界室内设计史 [M]. 刘先觉，陈宇琳，等译 .2 版 . 北京：中国建筑工业出版社，2007.

[8] 李泰山 . 空间设计形式与风格 [M]. 北京：人民美术出版社，2012.

[9] 艾伦，琼斯，斯廷普森 . 世界室内设计史 [M]. 胡剑虹，等译 .9 版 . 北京：中国林业出版社， 2009.

[10] 李砚祖，王春雨 . 室内设计史 [M]. 北京：中国建筑工业出版社，2013.

[11] 左琰 . 西方百年室内设计（1850-1950）[M]. 北京：中国建筑工业出版社，2010.

[12] 刘振生 . 低碳 · 云端 · 设计 [M]. 北京：中国水利水电出版社，2011.

[13] 葛鹏仁 . 西方现代艺术 · 后现代艺术 [M]. 长春：吉林美术出版社，2000.

[14] 徐宾宾 . 风尚样板房：欧式田园 [M]. 武汉：华中科技大学出版社，2012.

[15] DAM 工作室 . 田园风格：空间 · 物语 [M]. 武汉：华中科技大学出版社，2016.

[16] 先锋空间 |HKASP. 极简主义设计 [M]. 武汉：华中科技大学出版社，2018.